Astronomie für Einsteiger

Schritt für Schritt zur erfolgreichen Himmelsbeobachtung

天文学入门

带你一步一步成功探索星空

［德］魏纳·E. 策尔尼克
［德］赫尔曼-米歇尔·哈恩 著

庄仲华 译
齐　锐 审订

北京科学技术出版社

感谢中国科学院大气物理研究所辛金元博士以及武汉光电国家研究中心高辉博士在本书编辑过程中给予的专业指导。

著作权合同登记号　图字：01-2017-3879

图书在版编目（CIP）数据

天文学入门：带你一步一步成功探索星空 /（德）魏纳·E. 策尔尼克，（德）赫尔曼 - 米歇尔·哈恩著；庄仲华译. —北京：北京科学技术出版社，2018.12（2024.10重印）

ISBN 978-7-5304-9664-0

Ⅰ. ①天… Ⅱ. ①魏… ②赫… ③庄… Ⅲ. ①天文学—基本知识 Ⅳ. ① P1

中国版本图书馆 CIP 数据核字（2018）第 091703 号

策划编辑：胡　诗	**电　　话**：0086-10-66135495（总编室）
责任编辑：田　恬	0086-10-66113227（发行部）
营销编辑：葛冬燕	**网　　址**：www.bkydw.cn
图文制作：天露霖	**印　　刷**：北京捷迅佳彩印刷有限公司
责任印制：张　良	**印　　张**：12
出 版 人：曾庆宇	**字　　数**：246千字
出版发行：北京科学技术出版社	**开　　本**：720mm × 1000mm　1/16
社　　址：北京西直门南大街16号	**版　　次**：2018年12月第1版
邮　　编：100035	**印　　次**：2024年10月第15次印刷
ISBN 978-7-5304-9664-0	

定　　价：79.00元

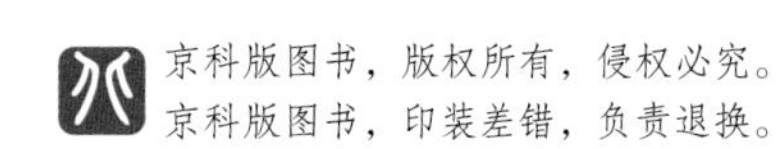

序言：天文学——你的新爱好

温和的夏夜里，璀璨的星空下，走进一座天文馆或者向公众开放的天文台，你会油然生出一种渴望——用自己的双眼去探索宇宙中无穷的奥秘。如果你真的这样做了，收获肯定会远超你的想象！

天文学是一个美妙的爱好。作为自然科学工作者，我们已经习惯用冷静、客观、审慎的科学态度来观察自然现象，挖掘这些自然现象背后隐藏的信息，将这些信息生成数据并加以研究。然而，天文学作为历史最悠久的学科之一，魅力从未减退。即使是在闲暇时光，我们也经常会通过肉眼、望远镜或照相机在幽深的夜空中徜徉，领略宇宙的神奇。

其实，许多天体和天文现象，我们仅凭肉眼就能看到，放眼观察就行了。但还有许许多多的天体和现象，我们需要借助光学设备才能看到，尤其是当我们的观测对象非常暗弱时。因此，一位天文爱好者走上天文观测之路后，一副双筒望远镜或一架小型天文望远镜会迅速成为他的必备装备。在望远镜经销商那里，此类设备应有尽有。但是对天文学初学者来说，想要立刻熟练使用这些设备以应对天文观测时出现的各种状况并非易事。我们将在本书中为你提供这方面的帮助和指导。

初级星友们有了观测工具后，马上又会面临一个新问题：借助这些观测工具，我们究竟能在天空中看到什么？观察坑坑洼洼的月球表面固然是个不错的主意，但是一定还有更多的目标等待我们去发现！然而，按部就班地——“造访”那3000颗肉眼就能看见的星星又实在是太无趣了。对星友而言，什么是有益的尝试呢？

你可以前往你家附近的天文台，使用那些在夜晚为公众开放的观测设备来观测天体。当然最重要的是，你要学会熟练使用自己的观测设备。

请静下心来仔细阅读本书，把它作为你观星的操作指南，跟着我们系统地学习如何观星。请准备一本笔记本，在上面记录你观测的数据、遇到的问题以及问题的解决方案，这样你可以从实践中汲取越来越多的经验，不断学习新知

渐盈的半月，使用网络摄像头拍摄

昴星团周围蓝色的反射星云

识。请记住，即使是业余天文学，你想要精通也不可能一蹴而就！

在本书中，我们将告诉你可以在天空中观测哪些天体，向你介绍太阳、月球、行星的相关知识，以及我们用观测设备对准它们时能够看到些什么。我们也会将目光投向宇宙深处的恒星和星系：借助小型天文望远镜可以看到许许多多遥远的天体。我们还会在书中讨论：哪种设备适合用来进行哪些类型的观测，以及这些设备的工作原理。此外，我们还会教你如何使用你自己的设备，如何精确地瞄准你想要观测的天体。

将天文学作为一个爱好，你还会获得别样的快乐。你可以与其他星友相见、相识，互相交流，互相鼓励。当地的天文协会和“德国星友协会”（www.vds-astro.de）这类的跨地区组织也会给你提供帮助。

天文学是我们所有爱好中最美好的一个。祝愿你在投身天文观测的过程中，能获得无限乐趣！

魏纳 · E. 策尔尼克

赫尔曼－米歇尔 · 哈恩

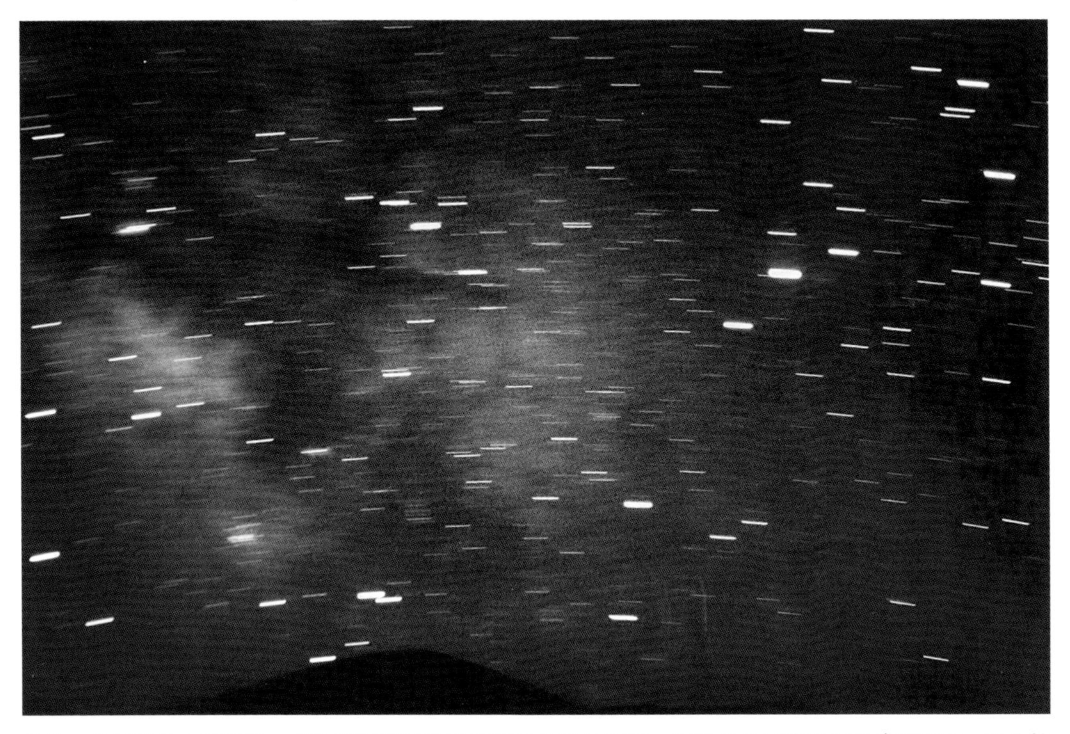

星迹。这张照片内容丰富，它让我们清晰地感受到了地球的自转，而这正是星迹得以形成的原因。照片拍摄的是天蝎座和人马座一带的天区，银河从中穿过。这片天区拥有众多迷人的天体，我们可以用双筒望远镜和天文望远镜进行观测

目 录

日间天文学

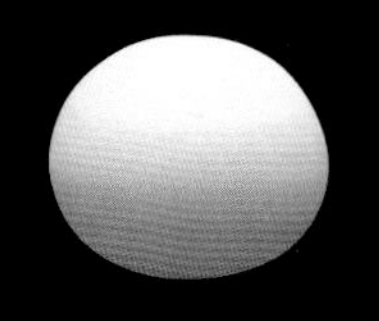

日常天文现象

我们身处的地球并不是理想的天文观测场所：大气层会“吞没”一部分星光，地球的自转以及它围绕着太阳的公转又给我们的天文观测增加了难度。

天空为什么是蓝色的?

冬日里，当你站在积雪覆盖的高山上，远眺湛蓝无云的天空时，“天空为什么是蓝色的”这个问题的正确答案其实就在你身边。雪之所以为白色，是由于它同其他所有白色的物体一样，能够将照射在它上面的全部颜色的光“一视同仁”地反射回去。在雪景照片中这个现象尤其明显，我们观察雪景照片会发现：只有太阳光照耀下的积雪是白色的，阴影中的积雪则闪烁着淡蓝的微光，因为它只能反射天空的蓝光。

蓝白相间的雪景

可是太阳，至少在它高悬于天空的时候，却又分明散发着黄色的光芒——那为什么太阳光照射下的积雪是白色而不是黄色的呢?

以雪为镜

如果说，阴影中的积雪由于只反射了天空的蓝光而呈淡蓝色，太阳光照射下的积雪由于既反射了天空的蓝光又反射了太阳的黄光而呈白色，那么显而易见，白光相当于黄光与蓝光的叠加，如果滤去白光中的一部分或者全部的蓝光，它就又变成了黄光。这正是地球大气层中发生的情况：太阳发出的白光在穿过地球大气层时损失了一部分蓝光，因而我们看到的太阳是黄色的。

接下来我们还要弄清楚，为什么太阳光被分解成向各个方向均匀散射的蓝光（天空蓝）和始终集中闪耀的黄光（太阳黄）呢? 弄清楚这个问题对我们以后的天文观测活动很有帮助。其实，太阳只有高悬于天空时看起来才是淡黄色的，越靠近地平线它的颜色就越深——从橙黄色、橙色到橙红色。肯定不是太阳自身的颜色发生了变化，这其中一定存在一个物理现象，甚至有可能它与天空蓝出现的原因是相同的。让我们来看一下第 3 页图。

图的右半部分，太阳高悬于天空，太阳光

穿过大气到达地表所走的路程非常短。此时，只有距地表 50 km 内的大气层会对太阳光产生显著的影响，这里的大气密度在随高度降低而显著增加。图的左半部分，太阳位于地平线处。太阳光在进入大气层之前始终是白色的，可是地面的观测者看到的太阳却是红色的，同时天空也被染成了红色。无须精确的测量我们就能从图中看出，太阳位于地平线处时太阳光穿过大气层到达地表的路程明显更长[1]，因为此时太阳光是斜射入大气层的。相应地，一部分太阳光会发生折射从而斜穿出大气层。太阳位于地平线处时，太阳和天空都偏红色（相应地，此时夕阳照射下的高山积雪也会泛着明显的红光），很显然，在穿越大气层的漫漫长路中，白色的太阳光失去了其他所有颜色的光。也正是

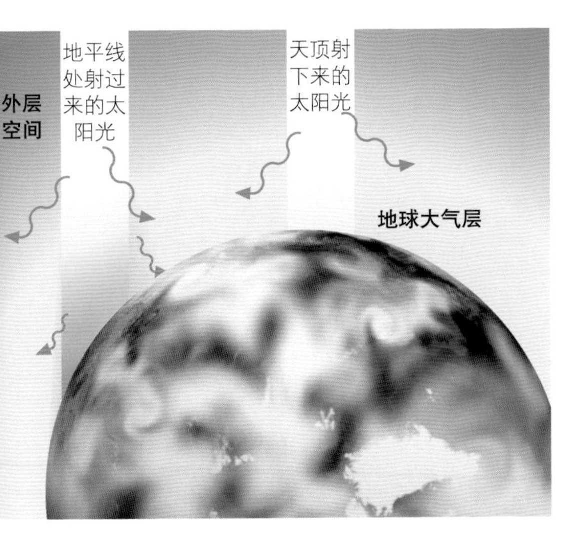

蓝色天空与红色落日的成因：太阳高悬于天空时，太阳光直射，穿过大气层所走的路程相对较短，在这个过程中被散射掉的短波光（蓝光）使天空呈蓝色；太阳接近地平线时，太阳光穿过大气层所走的路程很长，只有长波光（红光）才能走到最后

这个原因，此时的太阳远没有正午时分耀眼和炽热。数百千米外的西边，太阳光中的蓝光还在染蓝那里的天空，那里的太阳还处于地平线之上。当太阳光剩下的黄光里中等波长的光也被大气层滤掉后，太阳最终会变成一个橙红色的鸭蛋黄。

谜底揭晓

蓝天其实是通过一个“筛选机制”形成的，这一筛选过程在大气层内进行。太阳光在大气层中所走的路程越长，筛选得越彻底，并且这一机制对蓝光的作用最为明显。19 世纪时，英国物理学家瑞利勋爵经过观察，对这一机制给出了解释：大气层内的分子和原子决定了天空的颜色。这些分子和原子与太阳光相遇时，会迅速形成带电粒子，并且带电粒子中多余的能量会直接辐射到周围的环境中去。由于这种能量的“返还”是向着任意方向的，原来的太阳光中就有一部分光被筛选出来，向各个方向散射出去了。

在这里，我们要介绍一个物理学模型，它对我们理解光的特性很有帮助。物理学家们认为，光（以及其他形式的电磁辐射）是以波的形式存在的，因此，波长和频率是光的两个基本属性。不同颜色的光的波长不同，比如蓝光的波长在 420~480 nm（1 nm=10^{-9} m）之间，红光的波长则在 640~800 nm 之间。入射光波长是与之相撞的空气粒子直径的 50~100 倍。瑞利勋爵在 1861 年发现，他所描述的散射效应的强度与波长的长短密切相关，与空气粒子相撞的光波长越短，散射就越强烈——蓝光的

1 此时太阳光几乎与地面相切地长距离地穿过稠密的大气层。

日出和日落时，白色的太阳光中只有红光能够穿透地球大气层

散射强度大约是红光的 16 倍。通过散射，不同颜色的光被层次分明地筛选出来。因此，白昼时天空是蓝色的就不足为奇了。

薄暮冥冥时的金星和木星。如果知道金星的位置，白昼时我们有时也能在天上看到它

湛蓝的天空看上去非常美丽，但对天文观测来说它却存在一个致命的缺陷：过于明亮，以至于我们在白昼时无法用肉眼看到星星。只有月球和金星——特殊情况下还有木星——能够在明亮的天空里现身。我们由此推导出，白昼的天空要比夜晚的天空亮约 1 万倍。

大气光学现象

白色的太阳光是由不同颜色的光叠加形成的，我们看到的彩虹就可以证明这一点。彩虹的形成是由于太阳光照射到雨滴上并被雨滴反射。光的反射并不是发生在雨滴的外壁上，否则只会形成一道由无数光点汇成的“白虹”。事实上，太阳光会穿进雨滴，并像穿过玻璃透镜一样发生折射，也就是说，笔直的太阳光的路径发生了偏转。光的折射也与波长相关，蓝光的折射角比红光的大。光折射入雨滴发生色散后在雨滴内继续前进，然后在雨滴内壁上发生反射，这些单色的反射光在雨滴内继续沿直线前行，再次遇到空气与雨滴的边界时被折射出去，蓝光的折射角仍然比红光的大。于是我们就看到了一个典型的七色彩虹桥，彩虹桥的内圈为蓝色，外圈为红色。自古以来，人们出于各种原因认为数字7代表圆满，所以对彩虹的7种颜色——赤、橙、黄、绿、蓝、靛、紫——再熟悉不过了。

另外一些大气光学现象，比如包括幻日现象在内的各种晕、华和虹彩云的成因相似。所有这些现象的出现都需要一个媒介，使照射于其上的日光或月光发生色散，并进行反射或衍射。晕像，除了非常引人注目和频繁发生的幻日外，还有22°晕、46°晕（较为罕见）、光柱和环地平弧等，它们都是光在六角冰晶中发生折射而形成的。冰晶的排列方向不同，产生的晕像也不同：幻日和幻月以及光柱现象的发生前提是冰晶水平排列，而22°晕的出现对冰晶的排列方向没有要求。冰晶主要存在于高空卷云中，卷云常常预示着暖锋的临近、空气湿度的增加。

华的成因则是衍射：日光或月光照射在相对较薄的云层里大小不一的水滴上时，就发生了衍射效应。水滴越小，华环直径就越大，最大可达3~6°[1]。金星特别明亮的时候，有时人

日晕中的一种——22°晕，由高空冰晶对太阳光进行折射而成

1 视直径单位。视直径指我们用肉眼看到的物体的视角，单位为度（°）、角分（'）、角秒（"）。天文学上常用这几个单位来衡量天体的大小。——译者注（除特殊说明的，本书所有脚注均为译者注）

幻日是日晕中最常见的一种现象

们能看到它周围环绕着一圈小小的华环。由于衍射现象也与波长相关，华环的外缘颜色偏红，再往内，各种单色光叠加成了灰色。另外，太阳周围的薄云有时会呈现彩虹般斑斓的色彩，这也是太阳光在云内发生衍射形成的。

夏至前后，在南北半球的高纬度地区可以看到夜光云飘浮在 80 km 以上的高空中。在这里，宇宙尘埃不断从太空进入地球大气层，然后缓缓下沉，大气中原本就稀少的水蒸气会在尘埃表面凝结成冰晶。典型的夜光云是纤丝状的，呈淡蓝色。夜光云出现时观测者所在地早已被或深或浅的暮色笼罩，而夜光云在高空中被（午夜）太阳[1]照亮着。这也就解释了为什么夜光云多出现在夏至前后，且在高纬度地区

这张照片中，月华均匀地环绕着月球

1 午夜太阳即指极昼现象。

夜光云大多出现在地平线附近

更容易被观测到——因为对低纬度地区的观测者来说，这些云要么过于贴近地平线，要么太阳已经低到不能将其照亮。

天旋还是地转？

我们都知道，从我们的视角看过去，每天清晨太阳都从大致相同的地方升起，傍晚又从与之大致相对的地方落下。在晨昏之间，太阳会以或高或低的弧度划过天空，并在正午时分到达它在这一天中的最高点，即天文学中所谓的“上中天”。如果我们坚持数天、数周乃至数月反复观测太阳上中天时所处的方位就会发现，这一方位并不会随着时间的推移而发生变化。于是人们把正午时分太阳所在的方位命名为“南”，太阳在此时总是位于正南方。当一个人面朝南方时，他左手的方向为东，右手的方向为西，而第四个方向——北，就在他身后。正如德国一首有名的童谣唱的那样：“太阳从东边升起，爬到南边最高处；再从西边落下去，朝北永远看不见。”

夜晚，天空中的星星也在自东向西移动，所以古人认为，整个天空是以地球为中心自东向西转动的。然而如今普遍的观点是：地球是以相反的方向，即自西向东绕着地轴转动的。赤道处地球自转的速度总是超过 460 m/s，比声音在空气中传播的速度还快。然而我们的耳朵并没有受到音爆的袭击，仅仅因为地球及其大气层在一个极为空旷的宇宙空间中转动。

虽然早在古希腊时代，就有人提出了地球在自转的猜想，但是由于缺乏观测证据，这一猜想被否定了——仅凭肉眼看到的天体在天空中自东向西运动不足以证明这一结论。

19 世纪中期，法国物理学家傅科为验证地球在自转进行了一次实验：他在巴黎先贤祠上挂了一个长长的单摆，并使其摆动，单摆没有受到外力，摆动的方向不会改变，因此，人们看到的单摆摆动方向的变化证明了单摆下方地球在自转。另一个证明地球在自转的证据就是热带地区的典型气流：空气从（南半球或北半球）纬度较高的地区向赤道流动时，出发地地球自转的速度小于赤道处地球自转的速度，所以形成的风并不是从正南方或正北方吹来的，而是从东南方或东北方吹来的（即东南信风和东北信风）。出于同样的原因，北半球低压区附近的气旋沿逆时针方向绕低压中心转动，南半球低压区附近的气旋则相反：沿顺时针方向绕低压中心转动。

北半球的气旋总是逆时针转动，这是由地球自转引起的

由于地球的自转，我们看到的天空也一直在改变：我们看到，在东边，限制了我们视野的地平线在不断下沉，新的天区不断出现；而在西边，地平线在不断升高，原本可见的天区逐渐被地平线遮挡。但是我们在面对这种现象时总是言辞匮乏，只能在太阳（或者其他天体）在东方显现时说“太阳（或者其他天体）升起来了”，当西方地平线将其遮住时说“太阳（或者其他天体）落下去了”。

如果将天球[1]上的南点[2]与北点彼此相连，并使这条连线穿过天顶（即在观测地做一条铅垂线，其向上延伸与天球的交点），天球就被分成了东西两个半球。

因为太阳在正午时分正好跨过这条连接南点、天顶和北点的线，所以这条线所在的大圈被命名为子午圈。类似地，连接天球东点、西点并穿过天顶的线会把天球分为南北两个半球，这条线所在的大圈也有一个名字，即卯酉圈。

高度角和方位角[3]

▶ 为确定天体在天空中的位置，我们可以使用两个坐标参数：高度角和方位角。在天文学中，某天体的高度角从地平圈[4]（h=0°）开始计量，天顶的高度角为 +90°。天体的方位角（又叫地平经度）按照从南（A=0°）经西（90°）、北（180°）到东（270°）的顺序来计量。航海学中方位角的计量与此相反，以北为原点（A=0°）。

1 天球：天文学中为研究天体的位置和运动而引入的一个假想圆球。我们看到的是天体在这个巨大的圆球球面上的投影。

2 南点、北点、东点和西点是天球上位于正南、正北、正东和正西四个方位的点。

3 这两个坐标参数属于地平坐标系范畴。该坐标系是一种最直观的天球坐标系，以地平圈为基本圈，以天顶和天底为基本点。

4 地平圈：过天球中心且与铅垂线相垂直的平面与天球所交的大圆。

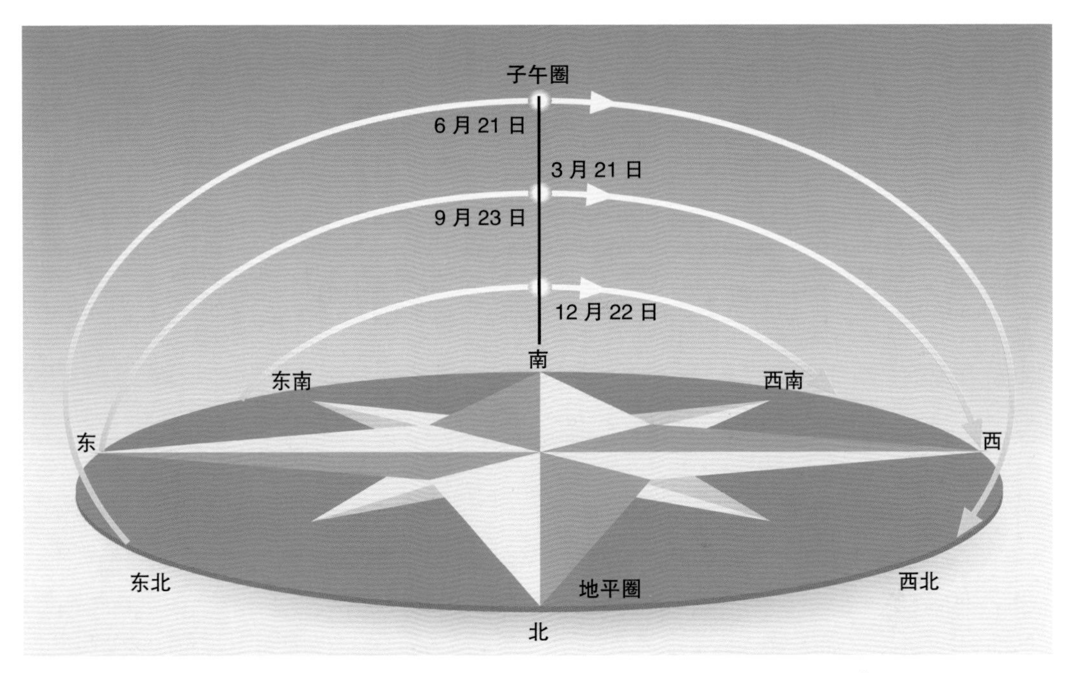

只有在春季和秋季，太阳才会从正东方升起，从正西方落下。在冬季，太阳的周日弧[1]明显很短，在夏季则要长得多、高得多

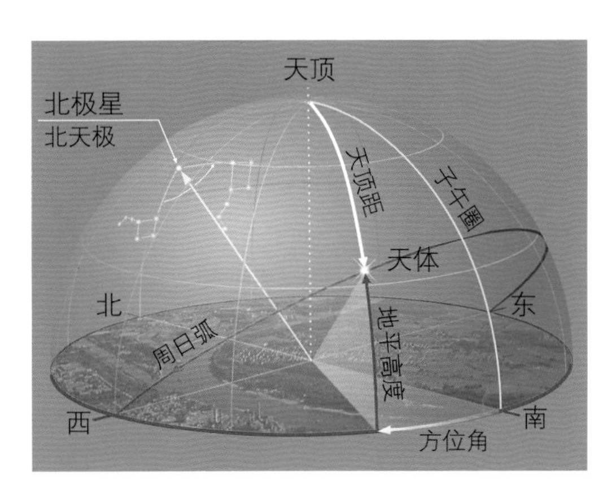

方位角和高度角

在加勒比海或者其他热带地区度过假的人可能会发现，上午同一时刻，那里的太阳比德国更高，而下午太阳向地平线下落的路线也更陡。这是因为地球是一个球体，它使得身处赤道附近、中纬度地区和两极的人们所看到的天体的周日视运动轨迹不一样。在极点，人们会看到天体在以天极为中心做圆周运动。

颠倒的天空

在赤道以南，我们看到的太阳甚至会反向运动。当观测者处于南半球时（更准确地说是处于太阳的南边时），太阳会一如既往地在正午时分到达它当天在空中的最高点，然后向左从地平线落下，而不像我们在北半球看到的那样，向右落下！地球南半球与北半球的自转方向是一样的，但是，观测者在南半球看到的天体的运动与在北半球看到的天体运动的方向相反。

用一个例子就可以很好地解释这种“逆行”

1 周日弧又称日间弧，指天体一天在天空走过的弧线。

现象。我们站在北半球仰望天空，就好比一个人站在红绿灯前，面朝南方观察一条单行道上的交通情况，这条单行道东西走向，有一个十字路口，路上所有车辆都从左（东）经过十字路口（南）向右（西）行驶。然后这个人走到十字路口的对面（南半球）来观察这条单行道上的交通情况时，他就会看到所有车子都是从右（仍然是东！）经过十字路口（现在是北！）向左（仍然是西！）行驶。

作为方向，东和西是固定的——太阳永远东升西落，地球自转的方向永远是自西向东——改变的只是观察者的角度。

绕日公转

太阳虽然每天早晨都从东方升起，但是升起的时间和位置却不是一成不变的：在 12 月中下旬，它每天很晚才从东南方升起，在天空中走出一条缓和的弧线，下午从西南方落下；而半年之后，它每天早早就从东北方升起，在天空中走出一条高高的圆弧，傍晚很晚才从西北方落下。在古代文明高度发展之前，古人每年都会举办一次献祭活动以祈祷太阳早点回归，促使古人这么做的天文现象（即太阳的出现时间和位置总是在变化），就是由地球的另一种运动——绕日公转产生的。我们所居住的地球，

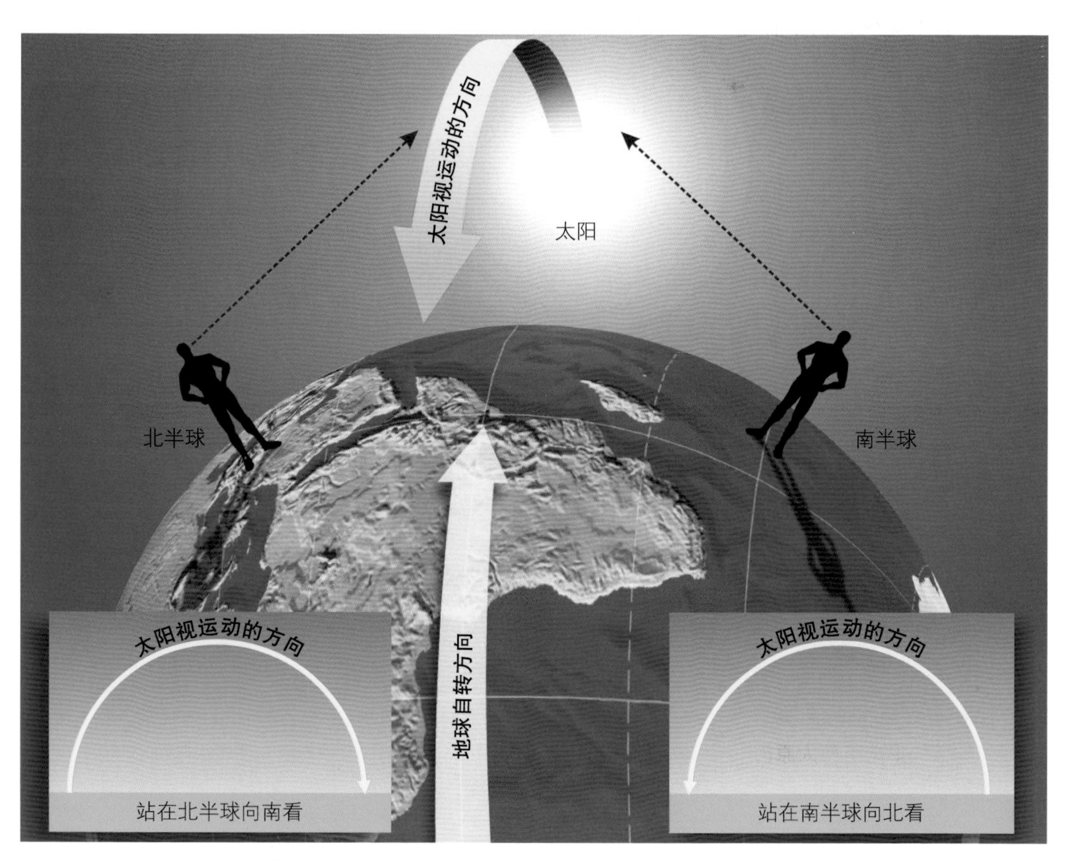

在南半球观测天空时，所有天体看起来都在“逆行”

不仅绕着自己的地轴以每圈 23 小时 56 分钟 4.09 秒（1 个恒星日[1]）的速度自转，还绕着太阳以每圈 1 年的速度公转。

倾斜的地轴

其实，地球的自转轴与地球公转的轨道面并不垂直，两者之间存在一个约 23.45° 的夹角，并且地轴的延长线总是指向同一个方向。因此，当北半球倾向于太阳时，位于北半球的我们身处夏季，而此时南半球是冬季；半年后，相比南半球，北半球远离太阳，此时北半球是冬季，而南半球是夏季。

在二至日，比如在北半球的夏至日（6 月 21 日前后）和冬至日（12 月 21 日前后），太阳高度角分别在北半球和南半球达到最大。这两天，太阳的直射点分别移动至北纬 23.45°（北半球夏至）和南纬 23.45°（北半球冬至）。在冬至和夏至之间，还有两天太阳正好直射在地球赤道上：太阳直射点在向北移动的过程中，3 月 20 日前后正好经过赤道（北半球春分）；太阳直射点在向南移动的过程中，9 月 22 日前后也正好经过赤道（北半球秋分）。

地球椭圆形的轨道对地球四季的产生并无影响，虽然它会使一年之中地球与太阳的距离（日地距离）在 1.47×10^8 km 与 1.52×10^8 km 之间变动。我们的地球在 1 月初距离太阳最近（处于近日点），7 月初距离太阳最远（处于远日点）。

其实，日地距离的变化幅度只有日地平均

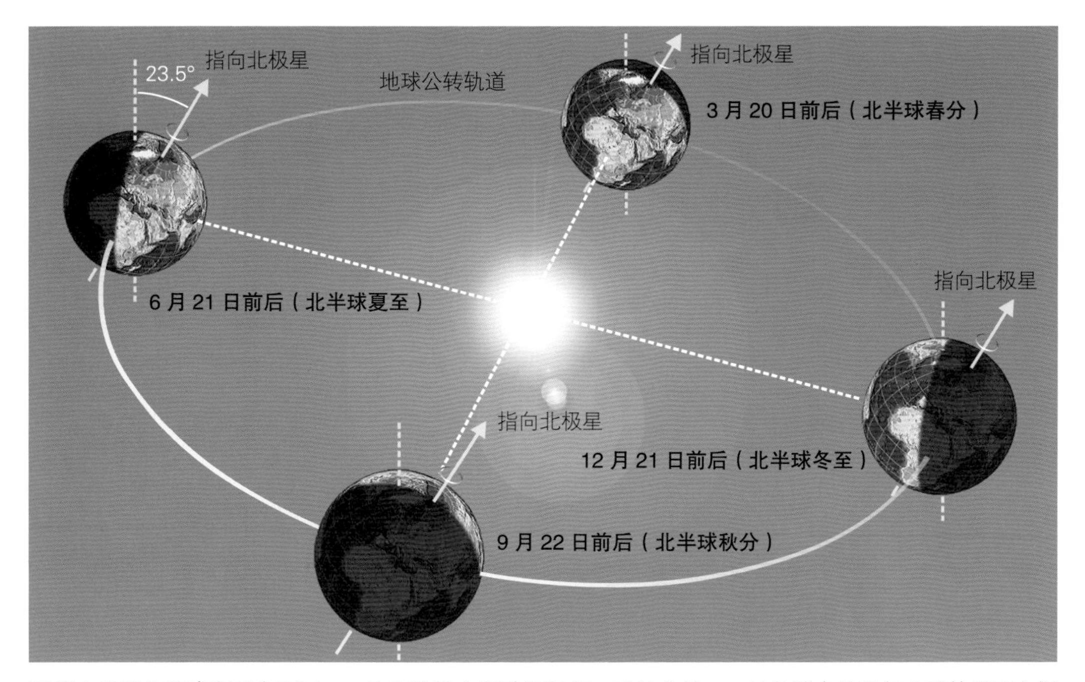

地球上季节的形成有两大原因，一是地球绕太阳进行每年一周的公转，一是地球自转轴与公转轨道面之间存在夹角

1 恒星日即以遥远的恒星为参考系，天球子午线两次经过同一恒星的时间间隔。

距离（约 1.5×10^8 km，被定义为 1 AU）的 1.7%，这使得在远日点时地球受到的太阳辐射强度仅比在近日点时降低了约 7%，这个数值微小到不足以导致地球出现季节性的温差。此外，南北半球的季节同时更替，但正好相反。

太阳的周年视运动

一年中太阳升落的时间和位置在不断变化说明地球在绕日公转，此外我们还应看到太阳背后的背景天空也在随季节变化。虽然我们用肉眼无法在白昼看出太阳与背景恒星的相对变化，但我们如果在晨昏蒙影[1]阶段进行观测，立刻就能通过黄道星座的变化间接且清晰地了解太阳的周年视运动情况：我们会看到，在微亮的暮光中（视线向西，即太阳落下的方向），黄道星座会次第消失，数周以后，它们又会在太阳升起前悬挂在东方清晨的天空。某个黄道星座消失之前，太阳原本位于它的右边（西），它再次现身后，太阳就出现在了它左边（东）——这说明太阳一定在这几周内穿过了这个星座。

因为地球在围绕太阳公转，所以我们看到太阳每天都会相对背景恒星向东（左）偏移一小段距离，平均来说大约每天 1°。因此，只有地球绕轴自转 1 圈多时，观测者才能看到太阳在第二天正午时分再次位于正南方，1 个太阳日[2]得以完成。因此，1 个太阳日要比 1 个恒星

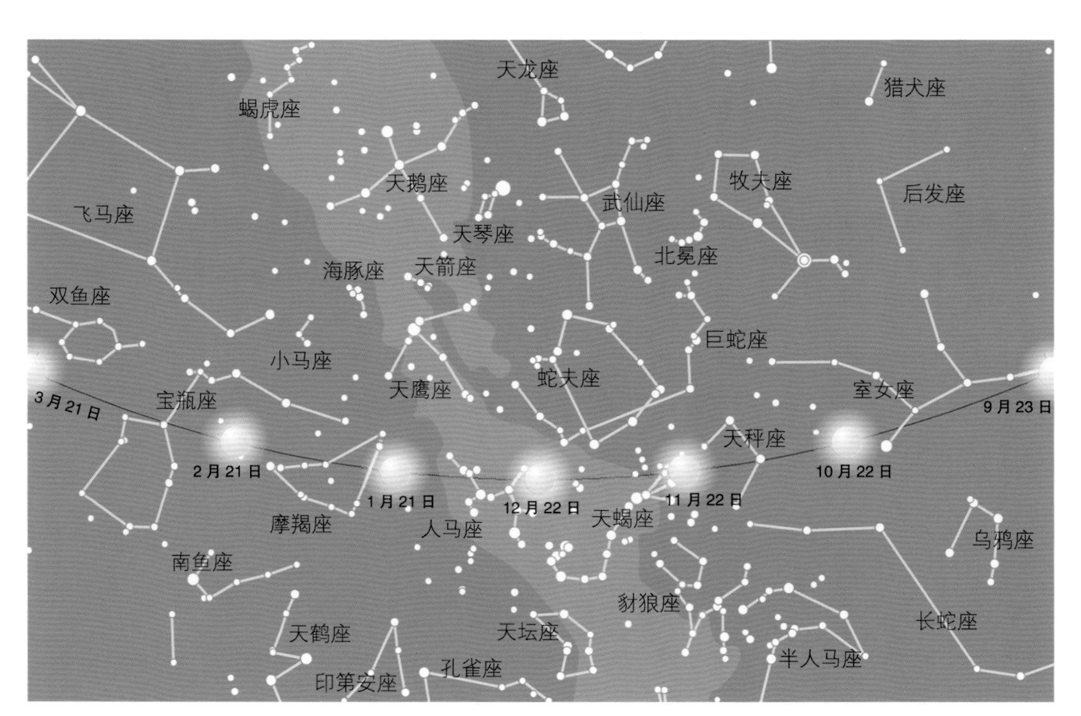

太阳在一年中穿过各个黄道星座

1 日出前和日落后的一段时间里，天空会因曙光和暮光而微亮，这段时间和这种现象在天文学上都叫作晨昏蒙影。
2 太阳日指太阳连续两次过同一子午圈的时间间隔。

日长不到4分钟，即1个太阳日相当于24小时。由于确定正午时刻（太阳上中天的时刻）比确定午夜时刻更容易，19世纪以前，人们一天的计时起点都是正午12点。

时间

在古代，人类的生活作息是根据太阳的位置来安排的：太阳升起是一天的开始，太阳位于正南方时就是中午，太阳落山意味着该收工回家休息了。那时每个地方都有“属于自己的当地时间”，而地球自西向东的自转使得东边的市镇总是比西边的市镇更早地红日高悬。经度相差1°的两地在时间上相差4分钟，比如说德累斯顿与科隆之间就相差了约28分钟。地方时（“真太阳时”）可以通过日晷来确定。如今在欧洲各地，许多建于各个年代、受到精心维护的老房子里仍然安装着日晷，显示着当地时间（地方时）。

时区

当人们将日晷显示的时间与钟表显示的时间比较时，往往会发现它们存在或大或小的偏差：真太阳时取决于日晷所处的地理位置，有时会与钟表上的时间相差1小时不止。即使人们已经消除了地方时与所属区时[1]之间的偏差，真太阳时与区时还是存在偏差，一年下来可能会相差30多分钟。

现在，全球被划分为多个时区，同一时区内各地的地方时虽然不同，但人们还是使用同一个规定的时间来生活，比如德累斯顿钟表显示的时间与科隆相同。时区划分依据的是各个国家在19世纪晚期制定的国际协议：就像分橙子瓣一样，人们将全球从北向南划分成了若干带状区域。一般来说，每一区域经度差15°，正常情况下相邻时区的时差为1个小时。

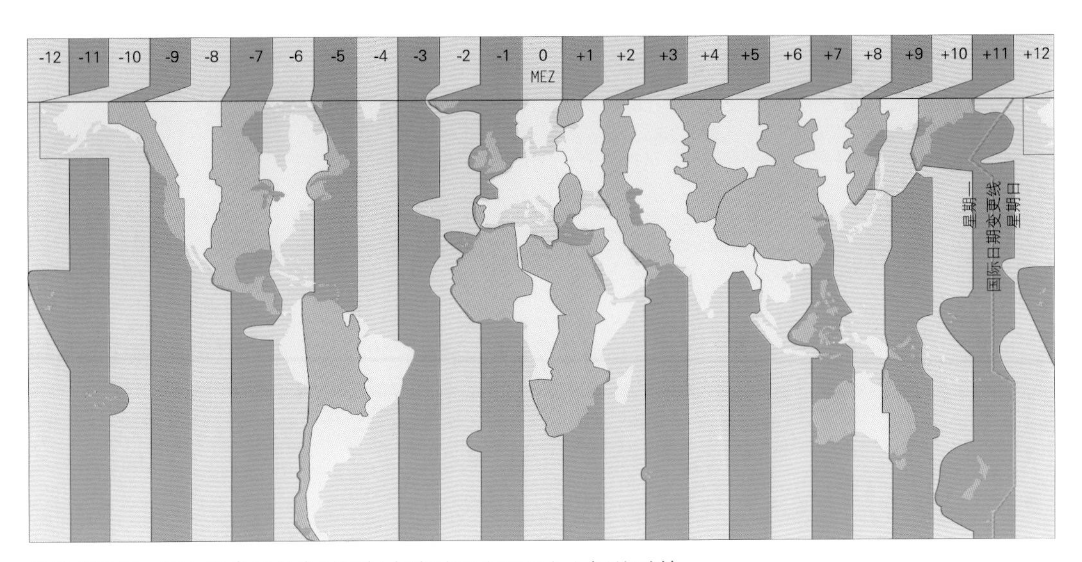

地球的时区。图中给出了各个时区与中欧时区（MEZ）之间的时差

1 区时：某一时区内部所使用的统一时间。

德国、奥地利、瑞士及它们北边、西边和南边的邻国都处于中欧时区（MEZ），遵循东经15°的地方时，也就是德国最东边的城市格尔利茨的地方时。中欧时间一般比世界时（UT，英国格林尼治天文台所在地的地方时）早1个小时。但在3月的最后一个星期日到10月的最后一个星期日（2013年的情况），中欧时区的钟表还要向前调1个小时，变成与东欧时间相同，也就是实行中欧夏时制（MEST）。

真平太阳时差

即使我们不考虑地方时与所属区时之间的偏差，日晷显示的时间也会与钟表显示的时间不一致，原因之一就是地球公转的轨道是椭圆形的，也即意味着地球围绕太阳的运动并不是匀速的。1月初，地球处于近日点，每天移动约1°；而在7月初，地球处于远日点时，每天只移动0.95°。因此，冬季的1个真太阳日要比夏季的长约17秒。数周累积起来，钟表显示的平太阳时就可能比日晷显示的地方时（真太阳时）快8分钟不止。

还有一个因素在影响着“真平太阳时差”：恒定不变的日长是以一个假想中沿着天赤道匀速运动的太阳为前提的，然而事实上，太阳在黄道上运动，黄道与天赤道之间存在一个23.45°的夹角。因此，太阳每天运动的路线在天赤道上的投影会因季节不同而有较大的差别。

这两个因素叠加在一起，就形成了一条看起来非常复杂的真平太阳时差曲线，真平太阳时差的最大值出现在11月初，高达16分钟21秒。也就是说，太阳在那段时间“提前”16分钟21秒到达正南方，这段时间的上午让人感觉明显比下午长。

真平太阳时差

▶ 1个真太阳日（现实中太阳连续两次上中天的时间间隔）一般来说要比1个恒星日长236.56恒星秒，1个真太阳日为24真太阳时。然而如果我们记录下一年中太阳每一次上中天的时刻，就会发现每个真太阳日的时长或长或短：在9月初，两次日上中天的时间间隔只有1恒星日216恒星秒；而在12月底，这个数值却变成了1恒星日256恒星秒。也就是说9月初的某一天比12月底的某一天少了40秒。究其原因，地球绕日公转的轨道是椭圆形的，这意味着地球公转的速度一直在变化，并且黄道与地球赤道和天赤道之间存在夹角。太阳上中天真正的时间与钟表显示的正午时分（中午12点）[1]之间的差值即为“真平太阳时差”，又叫“均时差”。

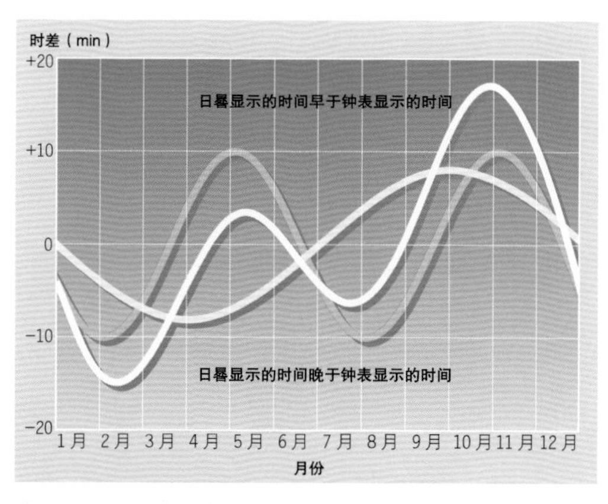

真平太阳时差（黄色曲线）受多个因素（橙色曲线和白色曲线）影响

1 钟表显示的时间是平太阳时，天文学上假定有一个太阳在天赤道上做匀速圆周运动。这个假想的太阳连续两次上中天的时间间隔为1个平太阳日，数值上1个平太阳日是一年中所有真太阳日的平均数。1/24平太阳日即为1平太阳时。我们在生活中使用的“日”和“时”，就是平太阳日和平太阳时的简称。

图中的日晷晷针呈弧形，解决了真平太阳时差这一问题

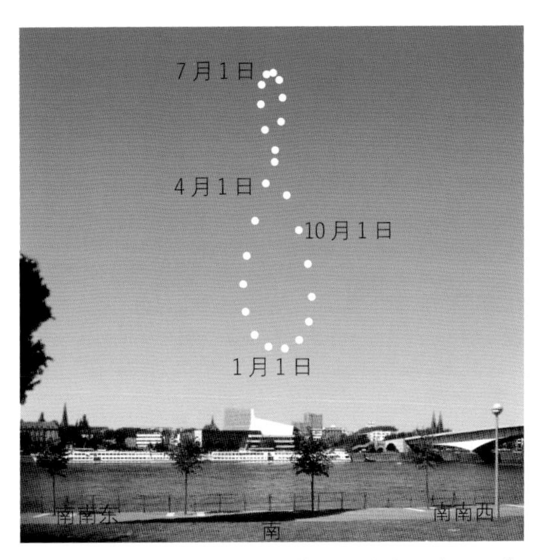

中午 12 点时太阳并不总是位于正南方，太阳正午时的位置在一年中形成了一条被称为“日行迹”的曲线

夜幕降临前

地球大气层不仅能使白昼的天空看起来十分明亮，还能在破晓和黄昏时分给原本的黑夜带来若干小时的光明。可是，当月球遮住太阳时，白昼也会变得漆黑一片。

人们喜欢借用席勒所著的《华伦斯坦之死》中的名句“我的星辰若要光辉灿烂，周遭必须是黑夜一片”或者歌德所著的《浮士德》中的“太阳已经闪耀多时，请让我看到星辰吧”来呼唤黑夜的降临，但神灵在让夜晚正式降临之前，还设置了黄昏。这其实是大气层的戏法，它推迟了夜幕的降临。

光的折射

我们如果仔细观察太阳沉入地平线的过程，就会发现，太阳在最终消失之前，移动速度好像变得越来越慢：它的上下边缘逐渐靠拢——原本圆形的太阳看上去像被挤成了椭圆形，之后它才沉入地平线。

之所以会出现这一现象，是因为地球大气层对太阳光的折射效应。太阳光是斜着进入大气层的，并且在到达地表之前，穿过的大气层的密度不断增大。因此，太阳光一路不断发生轻微的偏折，这就导致我们最终看到的太阳比它在地平线之上的实际位置略高一些。当你看到太阳位于地平线之上 5° 时，因光的折射造成的视觉上的高度差为太阳视直径[1]的 1/3；当你看到太阳恰好位于地平线上时，视觉上的高度差甚至比太阳的视直径大。换句话说，当我们看到太阳的下边缘刚刚接触地平线时，实际上太阳已经完全沉入地平线了。因此，我们看到的日落比实际日落的时间晚了约 3.5 分钟。

黄昏

众所周知，太阳落山后，世界并不会一下子陷入黑暗，因为太阳光仍能照射到观测地上方的大气层。在春分日或秋分日，日落后大约半小时，太阳中心将处于地平线之下 6°，此时它“最后的余晖”能照射到 35 km 的高空，而该处大气密度只能勉强达到地表大气密度的百分之一。因此，太阳的漫射光也只能使天空的亮度达到白昼正常亮度的百分之一。这意味着，此时我们至少可以看到那些最明亮的星星。这一亮度刚好能够满足人们在不借助额外光照的情况下读书看报，因此，黄昏的第一阶段被称为“民用昏影”。

日落后约 70 分钟，太阳中心将处于地平线之下 12°。此时它的余晖能照射到 140 km 的高空，该处大气密度是地表大气密度的六亿分

1 太阳和月球的视直径均大约为 0.5°。

黄昏的暮光——太阳照亮地球大气层，天空微亮

之一。太阳的余晖不再能干扰我们对天空的观测，但是地平线处仍然很亮，因为在那里，太阳的余晖还能照亮 35 km 高的大气层。在黄昏的第二阶段，我们既能看到天上最明亮的星星，也能看清地平线。古时的航海家们就在这段时间进行天文定位，即通过测定地平线上方某颗星星的高度来推断自身在大海中的位置——因此，黄昏的第二阶段被称为“航海昏影”。

再过 40 分钟——此刻距离日落已经将近 2 个小时了——太阳中心将处于地平线之下 18°。太阳的余晖将照射到 330 km 的高空，该处大气密度只有地表大气密度的六百亿分之一。此时太阳的余晖与大气电离层的气辉（又叫夜辉）一样微弱。白昼时大气中的分子和原子会在太阳紫外线的强烈激发下失去电子，到了夜晚它们又会重新获得电子回到基态，在这个过程中大气将不可避免地产生微弱的、肉眼不可见的光辐射，也就是气辉。

往后天空不会更黑了。地平线处太阳的余晖只能照射到 80 km 的高空，该处大气密度是地表大气密度的五万分之一。因此，天空已经暗到观测者可以看到比 7 等星亮的星，这已经是肉眼观星的极限。现在，天真的“黑”了，所有肉眼可见的星星在浓墨一般的天幕上闪烁：“天文昏影终”的时刻来临。

白夜

太阳何时能够降至地平线之下 18°，从而进入天文学意义上的黑夜，取决于观测地的地理纬度和太阳的位置。事实上，生活在北半球高纬度地区的人们，每年在夏至前后的数周里，会看到所谓的白夜现象。人们可以借助晨昏蒙影来看太阳在北方地平线之下移动的情况。距离北极圈（北纬 66.6°）越近，白夜现象越明显。北极圈以北，即使在午夜，太阳也可能悬挂在地平线之上，不会落下——太阳在绕着天极运动（参见第 31 页“拱极星座”相关内容）。在北极点，太阳在整个夏半年都位于地平线之上。在夏半年的前三个月，它每天的移动路线是从东经南、西到达北（准确来讲，处于极点时所有的方向都是南），但它每天的高度角在慢慢变大，就好像在慢慢往上爬，一直爬到它能到达的最高点。然后在接下来的三个月里，它每天的高度角又慢慢变小，就好像在慢慢往下落。相应地，北极点整个冬半年都会被漫长的黑夜笼罩，只在冬夏交接时有持续数周的晨昏蒙影给天空带来少许光亮。

5 月末到 7 月末，中欧地区不会有真正的黑夜，夏日的夜空总是透着微微的亮光

日食

偶尔地，白昼也会短暂地天昏地暗，这是月球在轨道上绕地公转时，刚好运行到地球和太阳之间，将太阳遮挡住的缘故。然而日食的程度只有足够大，我们才能真正感觉到天空变暗。如果月球不能将太阳圆面遮挡住 1/2 乃至 2/3，我们是无法察觉天空变暗的。**注意：千万不要不采取任何保护措施就用肉眼直视太阳——安全起见，我们建议你在观测日食时无论如何都要使用日食专用眼镜（或称太阳观赏镜）！**

因为太阳和月球在天空中的视直径差不多，所以在最理想的情况下，月球可以将太阳全部遮住。日全食发生的时候，会有那么几分钟，天色昏暗到我们至少可以看到较为明亮的恒星和行星。同样令人印象深刻的是“黑色太阳”周围闪亮的光冠——日冕，平时它被太阳的光芒掩盖掉了。不过，有时会发生日环食——月球阴影周围环绕着或粗或细的一圈太阳光。日环食发生时，天空仍然很亮，我们看不到日冕和星星。

因为月球的阴影每次只能覆盖地球上一小块地方，所以我们只能在有限的地点观测到日食。因此，日食比月食（第 79 页）更为罕见：2000 年至 2030 年之间，德语地区会发生 29 次月食（其中 14 次是月全食），但只会发生 14 次日食，并且对德国来说这 14 次日食统统是日偏食。

在某一固定的观测地点，日全食非常罕见

晴空

即使夜空如墨也无法保证我们能如愿畅游星河，因为地球大气层往往会在最后关头让我们满满的期待落空：云、雾、烟和尘会阻挡我们投向星河的目光。多年统计数据显示，在德国所处的纬度地区，我们能看到星星的夜晚不足 1/3，一年里最多有 50 个夜晚适合进行天文观测。

不想经历漫长的等待，或者嫌冬夜太冷、夏夜到来得太晚的人，也有机会畅游朗朗星空：在某些大城市甚至一些小城市，在白昼甚至雨天，人们也能看到北斗七星、猎户座或者那些通常会被太阳光掩盖的星星。不得不承认，我们通过这种方式看到的都是人造星空。如今，现代化的天文馆所能提供的模拟星空近乎完美，它们甚至连星光的闪烁都可以模拟出来，无论如何效果都要远好于网上的某些虚拟图像。

此外，一座现代化的天文馆还是一部时光机器，能让你一睹中世纪晚期、古埃及或者冰人奥茨[1]所处时代的星空。你只需按一下按钮就可以遨游于南半球的星空，惊叹于南十字座的精巧迷人，也可以在南极洲的亘古冰原上，以快进的方式体验极夜。快进功能还可以帮助我们更好地理解和领会那些往往持续数周、数月乃至数年之久的天文现象。要想了解德语地区的天文馆和天文台，请访问网址 www.-sternklar.de/gad。

1 冰人奥茨是一具有 5300 年历史的男性木乃伊，1991 年发现于意大利阿尔卑斯山脉，对人类史前文明的研究具有重要价值。

夜间天文学

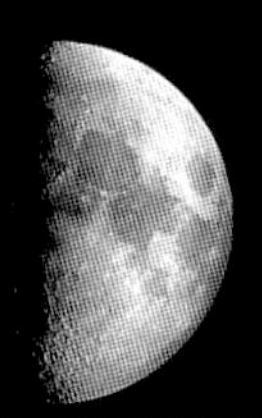

裸眼观测

要想在天空中有所收获，先要认识不同季节的星座，而且最好是在不使用天文望远镜的情况下。在我们寻找行星的过程中，黄道星座扮演着极为重要的角色。

仰望星空

傍晚时分，暮色渐浓，我们会发现，在益发幽深的夜空中，越来越多的小光点渐次亮起：先是最为明亮的恒星——有时甚至也有少许行星——然后是不那么明亮的天体。你如果想在这段时间里辨识星星，可以使用一张活动星图，它会告诉你傍晚时分天空中各个星座的名称以及它们当下的位置。而定位，也就是确定天空中的方位，至少在刚刚日落的时候是非常容易的，因为在日落后的头 1 个小时里，我们凭借天际的亮光很快就能找到太阳坠落的方向。这个方向大体就是西，就北半球而言，冬半年里太阳坠落的方向是西南，夏半年里太阳坠落的方向是西北。而一个人面朝西的时候，左手边是南，右手边是北。日落后约 1 个小时后，天空已足够昏暗，我们可以用上面的方法寻找北极星——面朝日落方向时，北极星就在我们的右手边。北极星几乎整夜都逗留在原地，也就是说，北极星的位置几乎不变，因为地轴正好指向北极星附近。与此不同的是，其他恒星和星座的位置会在夜间改变。

斗转星移

想要在天空中顺利找到所有星座通常来说很难，尤其是对初学者来说。原因之一是地球的自转，地球自转使得星空整晚都在我们眼前转动：有的星座，夜幕降临时在东南方的半空中，后半夜会移动到西南方，而第二天曙光微露时它已经隐没于地平线之下了；而有的星座，傍晚低挂在西北方的地平线之上，夜里消失不见，第二天清晨却又从东北方升起。这些星座的运动其实与时针的走动相似，时针也在随着时间不断更改自己的指向。事实上，稍加学习之后，我们完全可以从某个星座所处的位置大致推断出当时的时间。然而，地球围绕太阳的公转又给我们辨识星座增加了难度。地球的公转使得同一星座在同一个时间段并不是出现在天空的同一个位置。比如说猎户座，当我们希望能够在南天它能到达的最高位置附近对它进行观测时，如果此时是 10 月中旬，我们就不得不在凌晨 4 点起床；如果是 12 月中旬，它到达该位置的时间是午夜前后；而如果是 2 月中旬，晚上 8 点我们就能看到它出现在该位置附近了。当然，如果我们总是在某个固定时间（比如晚上 8 点）寻找猎户座，那么 12 月中旬我们要在东方的天空中寻找，2 月中旬我们要把目光投向南方，4 月中旬我们则要望向西方。原则上，“以恒星为参照物的时钟”每天都要快约 4 分钟，而这正是 1 个恒星日与 1 个太阳日之间的差值

赤道坐标系

▶ 天体（如恒星、行星和星系）在天空中的位置可以像地球上的某点一样，用一组坐标标记出来。在地球表面，这一组坐标分别是地理上的经度和纬度；在天空中，这一组坐标则是赤经和赤纬。

赤经用希腊字母 α 表示，它的原点是天赤道上的春分点，从春分点向东开始计量。赤经的计量单位为时、分、秒。赤纬则用希腊字母 δ 表示，代表的是天体与天赤道之间的角距离，天赤道以北的赤纬用正数表示，以南的则用负数表示。

任意一个天体的位置都可以用 α 和 δ 来标记，星表和星图中都会标出天体的赤经和赤纬。

（参见第一章）。由此，以恒星为参照物和以太阳为参照物的时间，1 个月要相差约 2 小时，1 年则正好相差 1 天。因此，每 3 个月（相差 6 小时），星空的景象就会完全改变，相应地，我们划分出了春季星空、夏季星空、秋季星空和冬季星空。

恒星的亮度

天空中恒星的亮度是不同的。观测者一眼就会发现，除了灼灼闪耀的少数亮星，天空中还有无数黯淡的光点，正是这些或亮或暗的恒星组成了各个星座。为了描述恒星的亮度，天文学家使用了希腊天文学家喜帕恰斯在 2100 多年前制定的一套衡量恒星亮度的体系：喜帕恰斯将肉眼可见的恒星分为了 6 等，最亮的恒星为 1 等星，最暗的恒星则为 6 等星——这种等级的划分也是欧洲学校的一种评分体系。

19 世纪中期，英国天文学家诺曼 · 罗伯特 · 波格森对喜帕恰斯的这套体系进行了严格

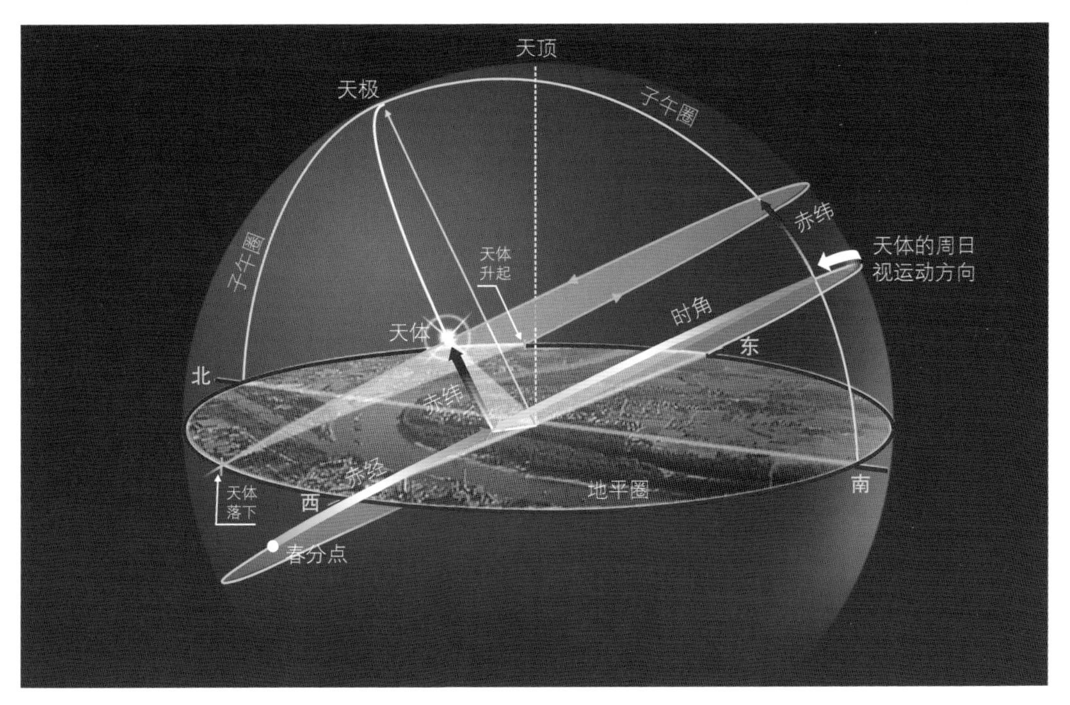

春分点与某个天体的赤经和时角的关系

定义，使其更加客观。他规定，相差 5 个星等的恒星亮度之比为 1∶100，也就是说，我们能接收到的 1 等星的光是 6 等星的 100 倍。然而事实却是，那些最亮的恒星明显比规定的 1 等星要亮得多。这意味着我们必须在现有的星等体系的基础上引入负值。我们用“视星等”（m）来描述天体的亮度。天狼星是我们在地面看到的夜空中最亮的恒星，它的视星等为 -1.5，金星最亮时视星等达 -4.7，满月的平均视星等为 -12.6，太阳的视星等则为 -26.7。在最理想的观测条件下，我们用肉眼可以看到 6 等星，用双筒望远镜可以看到 8 等星，用中型业余天文望远镜可以看到 13 等星，而用配有高灵敏度 CCD 探测器的大型专业天文望远镜有时甚至能看到 30 等星。

赤道星座

像熟悉钟表盘上的数字顺序一样牢牢记住天赤道附近星座的位置（见下图，0° 赤纬线即天赤道），对我们辨认星座有很大的帮助。天赤道是地球赤道在天球上的投影，在中欧地区，它位于南方的半空中。

从前面已经提到过的冬季星座猎户座向东（也就是向图中的左边），依次为小犬座（主星为南河三）、狮子座（主星为轩辕十四）、室女座（主星为角宿一）、蛇夫座（没有引人注目的亮星）、天鹰座（主星为牛郎星）、宝瓶座、双鱼座、鲸鱼座和波江座（后四个星座中都没有亮星）。

黄道星座

全天 88 个星座中，黄道星座具有特殊的地位，太阳、月球和所有行星都穿行于其中。我们因为占星术而对黄道星座耳熟能详，它们在天文学里的叫法和在占星学里的叫法一样。下面我们就从双子座开始介绍黄道星座：夏至那一天，太阳高度角达到最大（北半球），这时太阳正好位于双子座。双子座同时拥有北河二和北

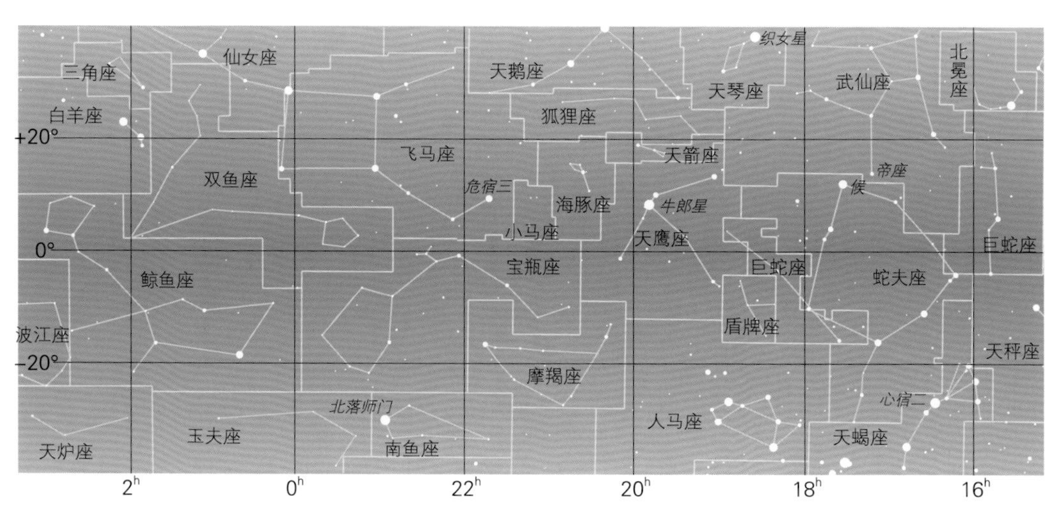

天赤道附近的星座

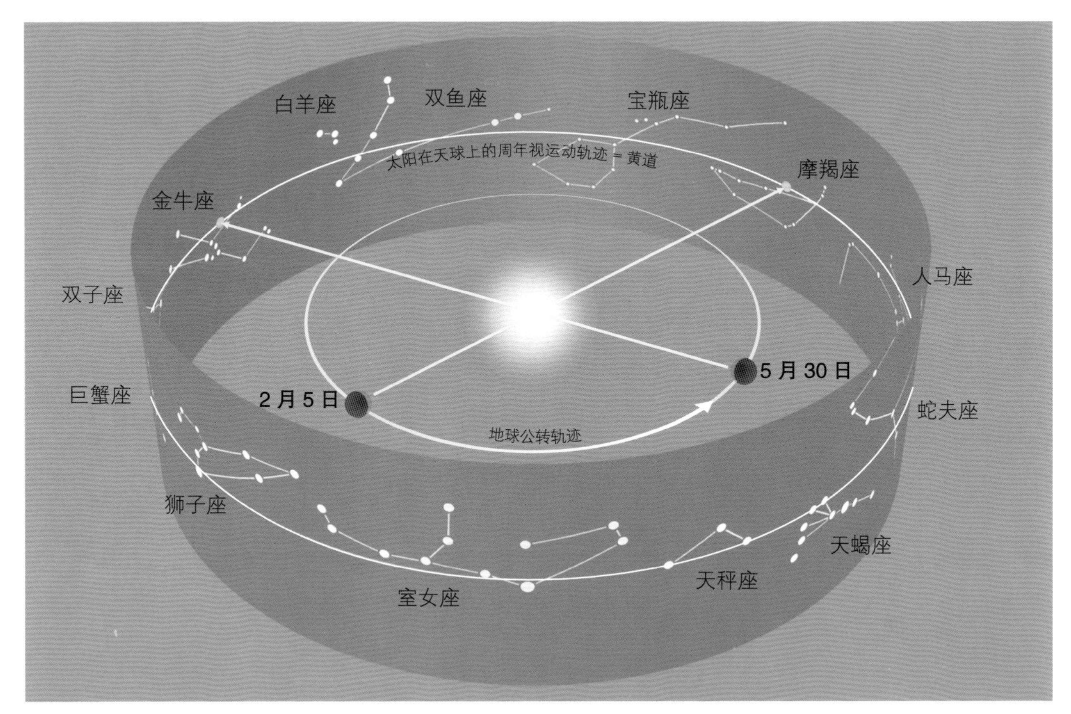

一年之中，太阳穿过黄道带上的所有星座。月球和太阳系内的所有行星亦是如此，因为它们与地球在几乎同一个平面上围绕太阳运行

河三这两颗亮星，我们很容易就能从星空中找出双子座：北河二在上，在双子座符号“Ⅱ”的第二个竖笔上；北河三在下，在双子座符号“Ⅱ”的第一个竖笔上。双子座东边是不起眼的巨蟹座，然后是狮子座（主星为轩辕十四）和室女座（主星为角宿一）。天秤座也不太显眼，天蝎

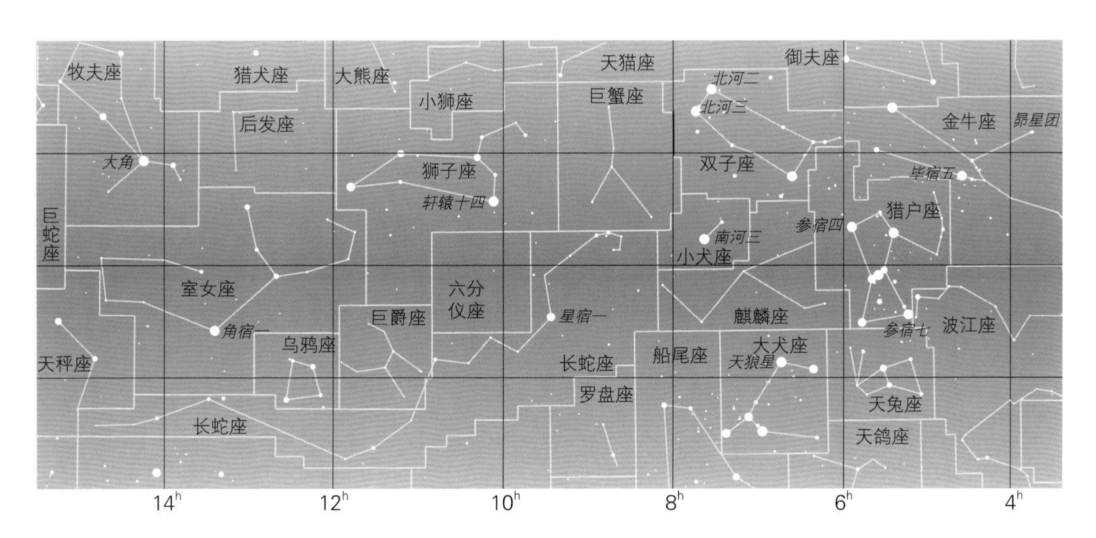

座则非常引人注目。可惜初夏的夜空中，以红色的心宿二为主星的天蝎座在南方地平线之上不是很高的地方，难以被发现。如果再往南，在加勒比海地区或者其他热带地区，拖着一根几乎是竖直的蝎尾的蝎子（天蝎座）是天空中让人印象最深的星座，它就像一只真的蝎子，栩栩如生，令人惊叹。接下来，太阳会穿过蛇夫座，这第 13 个黄道星座常常被人忽略，因为它不属于经典的“黄道十二星座”。

蛇夫座再向东是人马座。借助一些想象力，你会发现它的亮星们连接起来勾勒出了一个小茶壶的轮廓。在德国的夏季，人马座低低地悬挂在南方的地平线之上。在位于壶身右侧的壶嘴处，黑暗中的观测者可以看到明亮的银河系星云。壶嘴径直指向了银河系的中心。

接下来的三个黄道星座——摩羯座、宝瓶座和双鱼座几乎没有亮星，所以都不怎么显眼。一年中的头几个月，太阳会穿过这三个星座。因此，费一点儿工夫的话，我们可以在秋季傍晚的天空中找到它们。最后两个黄道星座是白羊座和金牛座。金牛座除了有一颗明亮的红色主星——毕宿五以外，还拥有昴星团。公牛（金牛座）的犄角刚好挨着双子（双子座）的脚。到此，黄道一圈我们就介绍完了。

冬季的夜空繁星密布。本图包含夜空中最亮的恒星——天狼星（图左下方）。图左上方明亮的天体是木星，此时木星刚好位于双子座内，而带行星环的土星正位于金牛座内

冬季星座

从古至今，猎户座一直是天空中最壮观的星座。4000 多年前两河流域的巴比伦人认为它是巨人“忠诚的天堂牧羊人”（SIPA.ZI.AN.NA）的化身，后来的古希腊传说又说它是天上的猎人奥赖翁。根据猎人腰带上的三颗星参宿一、参宿二和参宿三，右肩处的红色恒星参宿四，左足处的白色恒星参宿七，即使是刚入门的天文菜鸟也很容易就能在天空中认出猎户座。

在猎户座附近，由亮星五车二（御夫座）、毕宿五（金牛座）、参宿七（猎户座）、天狼星（大犬座）、南河三（小犬座）和北河三（双子座）共同组成的“冬季六边形”，在清冷的冬季夜空中熠熠生辉。猎人（猎户座）脚下蜷伏着一只兔子（天兔座）。而距离猎人左足处的参宿七不远处，就是波江座，它宛如一条长河，从猎人脚下发源，蜿蜒着先流向西，再折向南，最终到达河口——水委一（在北纬 33° 以北，这颗星已经处于地平线之下）。在大犬座（拥有夜空中最亮的恒星——天狼星）和小犬座（主星为南河三）之间，一只很难被辨认的神兽——麒麟（麒麟座）正扬蹄向前。大犬座东边，地平线之上还低垂着几个南天星座：船尾座（曾是最大的星座——南船座的一部分）、罗盘座和极难被观测到的唧筒座。由于高度太低，这些星座

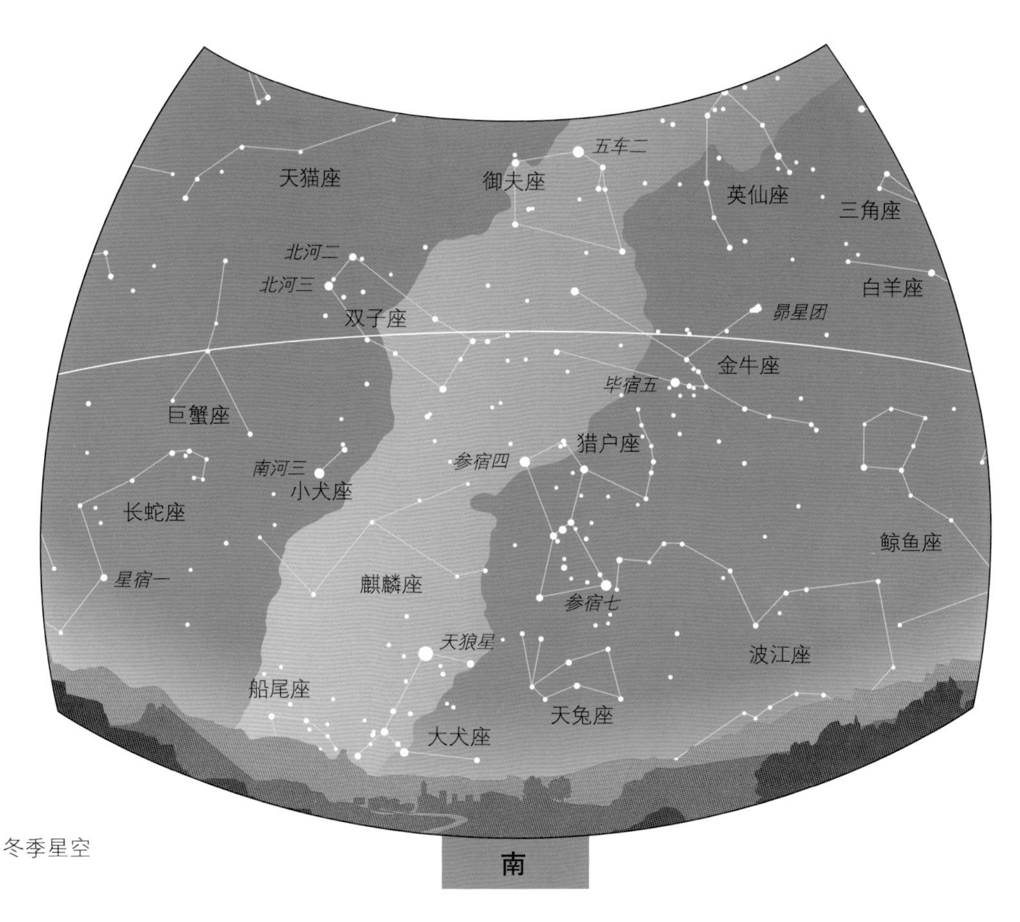

冬季星空

往往湮没于地平线附近的尘埃层中。

春季星座

主星为轩辕十四的狮子座是春季星座的领舞者。轩辕十四在一把镰刀[1]的手柄处，这把镰刀刀口向西（右），很容易辨认，它代表了狮子的头部。接下来需要你充分发挥想象力，将狮子座的其余恒星连成狮子被拉长的身躯。这头狮子正在向西（右）张望——也许这头百兽之王正潜伏着蹲守猎物，也许它已饱餐一顿，正在懒洋洋地小憩。

狮子头上蜷伏着一头小狮子（小狮座），狮子脚下则是迤逦的长蛇座和其他三个极不起眼的小星座：六分仪座、巨爵座和乌鸦座。在这片天空，只有一颗 2 等星孤零零地散发着冷寂的光芒，它就是 Alphard（星宿一），原意为“孤独者”，是长蛇座的主星，我们可以在轩辕十四的右下方找到它。

狮子（狮子座）身后跟着的是一位女神——室女座，室女座的主星是白色的角宿一。女神头顶，王后的金发在闪闪发光，这就是后发座。

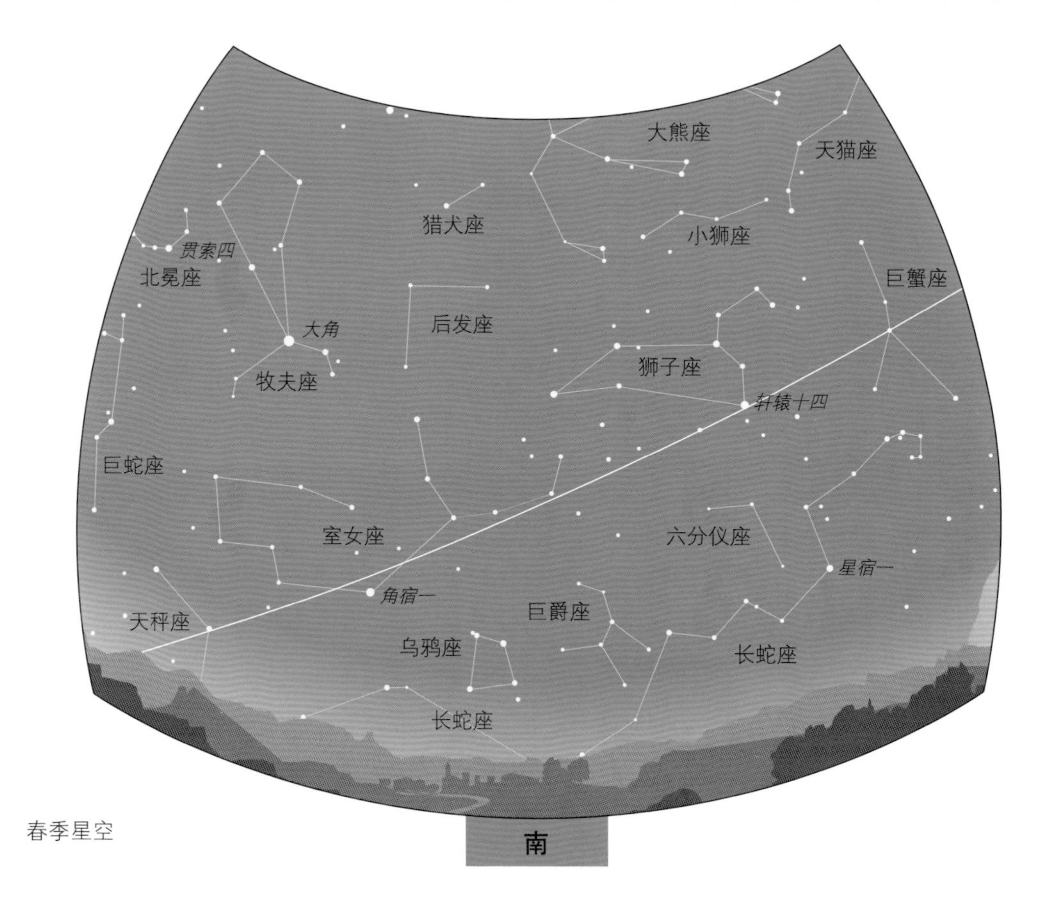

春季星空

1 由狮子座中的几颗恒星组成的星组“镰刀”。

后发座左边则是孔武有力的牧夫（牧夫座），牧夫座的主星是一颗橙红色的恒星——大角。牧夫座再往左，一顶小小的皇冠令人瞩目，这就是北冕座，它的主星是贯索四，外文名为Gemma，意为“宝石”。

夏季星座

夏季夜空到来的标志是两位高大巨人的现身，他们头挨着头地在天空中移动，这就是蛇夫座和其上方的武仙座。武仙座的原型赫拉克勒斯是希腊神话里的英雄，他头朝下[1]在天空中移动。这两个星座中最亮的恒星也只是2等星，所以我们想要辨认它们并不容易。此外，这两个星座各自最亮的恒星都位于头部：“候”在蛇夫（蛇夫座）的头部，“帝座”在赫拉克勒斯（武仙座）的头部。两位巨人的东边是皎皎银河，那里悬挂着比较明亮的恒星。天琴座的主星织女星高悬于夜空，大放光彩，它的左下方，几颗恒星连成了一个小小的菱形。天琴座往左，一只天鹅（天鹅座）正伸长脖颈，展翼翱翔于夜空中。天鹅座的主星天津四就是天鹅

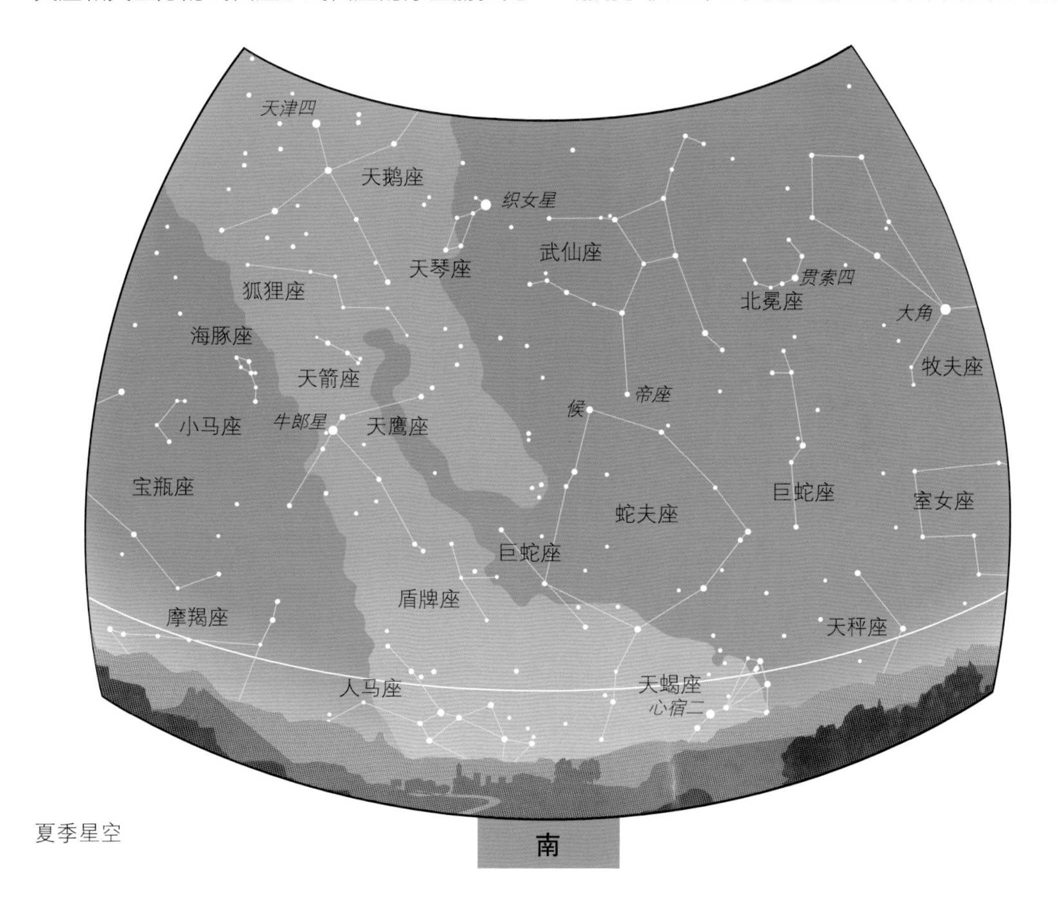

夏季星空

1 这是北半球的视角。如果我们在南半球观测，赫拉克勒斯的头是朝上的。

短短的尾巴。天鹅座下方有几个非常不起眼的小型星座：狐狸座、天箭座、海豚座和天鹰座。不过，天鹰座的主星牛郎星，与天鹅座的天津四、天琴座的织女星构成了“夏季大三角”。离此不远就是银河中最明亮的恒星云，位于人马座和盾牌座附近。

秋季星座

秋季的亮星和显眼的星座比春季的还少。秋季星空的显著标志是“飞马当空”——古希腊神话里那匹长着双翼的骏马珀伽索斯从空中飞驰而过，几颗恒星连成的飞马大四边形（秋季四边形）是它强壮的身躯。从四边形右下角引出的稍有曲折的星链是马头和马颈，从四边形右上角引出的星链则可看成是骏马伸展的前腿，左上角引出的星链则属于另一个星座——仙女座，她是仙王（仙工座）和仙后（仙后座）的女儿。飞马座下方游弋着的是双鱼座，它同样不怎么显眼，我们顶多可以通过位于飞马座身躯下方的、两条鱼中的一条鱼的鱼头处连成的小椭圆星环来辨认。将飞马大四边形右边的那条边向南延伸至地平线处，会发现那里有一颗较亮的恒星在寂寥地闪烁，它就是北落师门——南鱼座的主星。南鱼座的左边，一头鲸鱼模样的海怪（鲸鱼座）正在兴风作浪。飞马

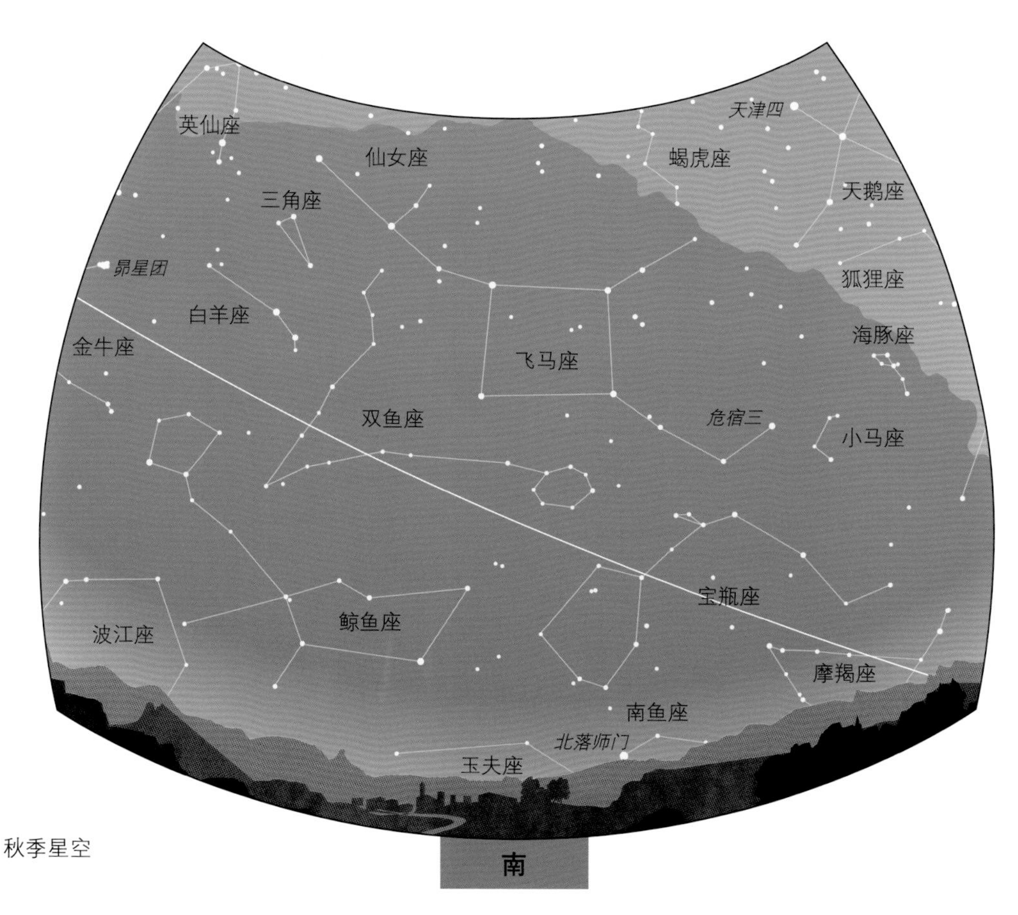

秋季星空

座的左边还有白羊座和三角座这两个小星座，再往左就是即将在冬季登场的英仙座，它的原型是希腊神话里的英雄珀尔修斯。

拱极星座

我们头顶上的大多数星座会随着季节的更替轮换——时而非常清晰，时而又被太阳的光辉掩盖。仰望夜空时我们会发现一组星座常年高悬，它们不像其他的星座一样会随着季节更替。这组星座每天都在绕着北天极转动，永远不会落入地平线之下，所以它们被称为拱极星座。其中最著名的当属大熊座，它的亮星组成了北斗七星：其中 4 颗亮星组成勺体，其余 3 颗组成勺柄。借助于北斗七星，我们可以很轻松地找到北极星。北极星离北天极非常近，它指引的正北方比罗盘指示的更可信。我们只需将北斗七星组成勺体的 4 颗恒星中远离勺柄的 2 颗连线，将这条线一直向上（即往勺口方向）延伸，在这 2 颗恒星间距的数倍处就可以找到北极星。然而季节不同，北斗七星在天空中的位置也不同：冬季傍晚它低挂在东北天际；春季

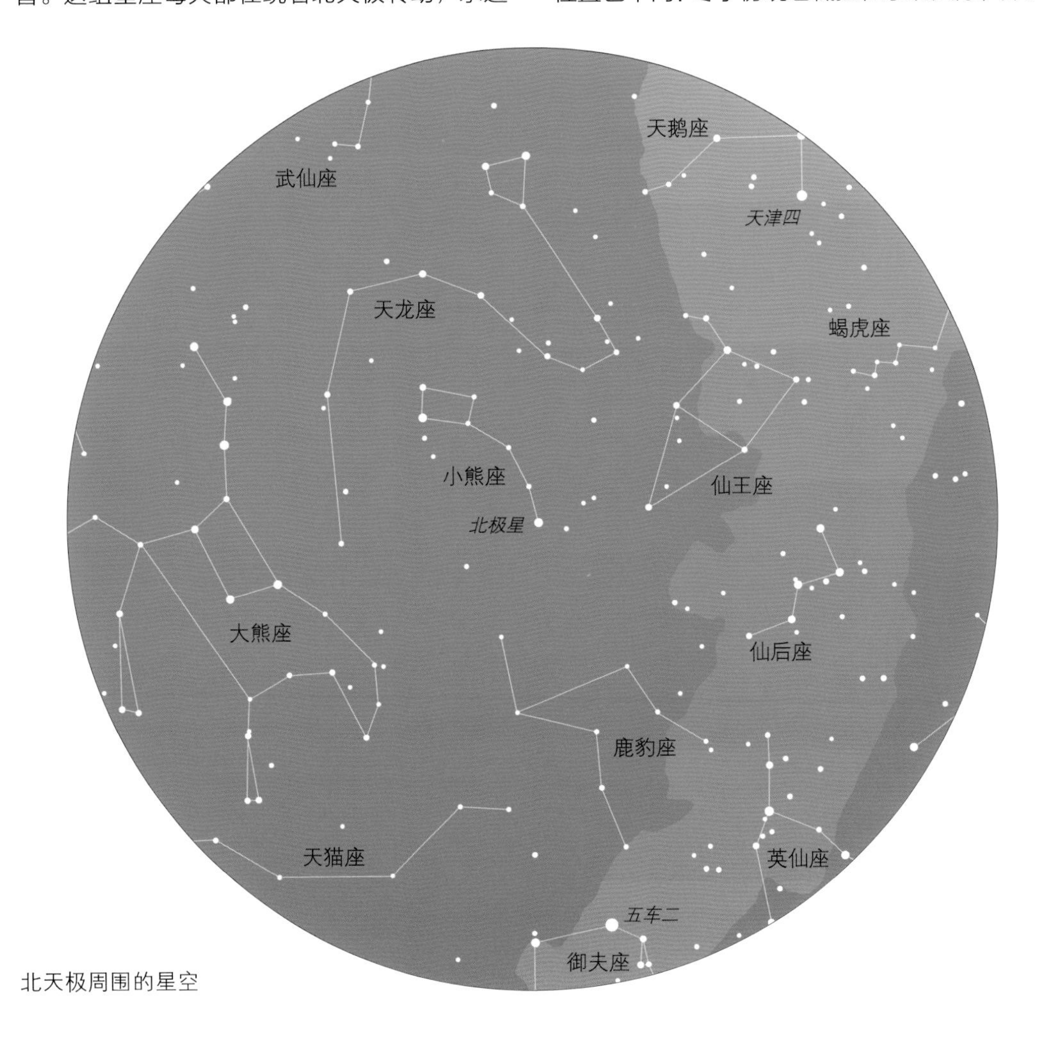

北天极周围的星空

北极星与北天极并不完全重合，它的移动轨迹呈圆弧状

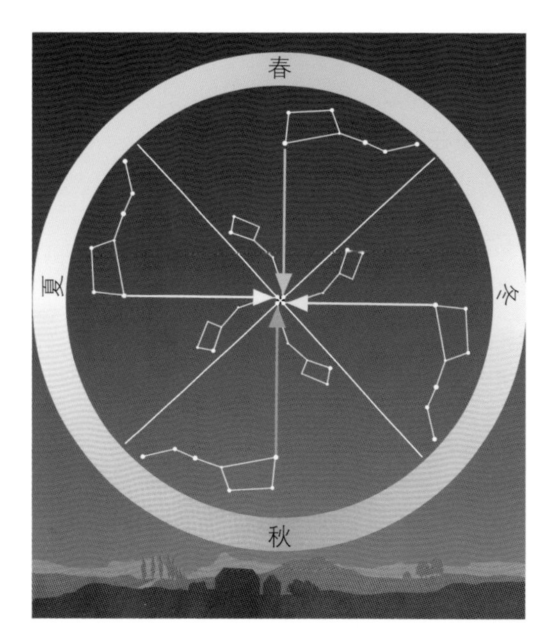

借助北斗七星我们很容易就可以找到北极星，从而找到北方

则爬到了东北天空中靠近天顶的地方；夏季高悬在西北天空；秋季又俯冲到北方地平线之上，低垂在西北天际。

北极星虽不是北天星空里最明亮的恒星，但它是小熊座（小北斗）中最亮的恒星。它处于小北斗的勺柄头上，而整个小北斗则向着大北斗（北斗七星）的方向弯成了一道柔和的弧线。

飞龙（天龙座）迤逦的身躯以北天极为中心盘绕了半圈，停在了大熊座和小熊座之间。夏季夜空中，我们在龙头不远处就可以找到明亮的织女星。龙头以下，龙身先向北天极方向伸展，然后绕成一个大圆弧半围着小熊座，最后龙尾伸到大熊座和小熊座之间。天龙座再往东是蝎虎座和仙王座。仙王座的轮廓让人不禁联想到一座有点儿歪斜的房子的侧面。这个星座的原型是依索匹亚国王克甫斯，在希腊神话中他是王后卡西奥佩娅的丈夫。天空中紧挨着仙王座的，正是卡西奥佩娅化身的仙后座。仙后座呈 W 形，特别引人注目，高悬于秋季和冬季的夜空中。

其余的拱极星座就乏善可陈了。处于仙后座和大熊座之间的另外两个拱极星座——鹿豹座和天猫座的星光都很黯淡，我们很难在夜空中找到它们。

银河

身处漆黑一片的观测地时，我们用肉眼不仅可以看到夜空中有万千繁星在闪烁，有时还能看到一条散发着朦胧微光的带状长河横跨天空。这条光带到底是什么？很长一段时间里我们对此感到特别困惑，天文望远镜被发明出来后我们才找到了答案。伽利略发现，银河其实是无数黯淡到难以用肉眼辨别的恒星的集合。

银河的亮度并不是均匀的。最亮的恒星云在人马座附近，我们在德国观测的话，会看到它大概在地平线之上比较低的地方。而如果我们身处欧洲南部的一些度假胜地，这一段银河会清楚地映入你的眼帘。

处于天鹅座内的银河带总是很明亮，至少在远离大城市的地方，这一段银河非常醒目。在夏季和初秋，天鹅座高高挂在我们头顶的高空中。因此，我们总是把银河与夏季联系起来。而冬季处于御夫座和大犬座之间的银河，我们就几乎看不到。再往南，在船底座和南十字座内时（位于南天），银河又变得极为显眼。在观测银河这件事上，北半球居民不具备“地利”的条件。如何根据银河的样子来推断其中恒星的分布情况以及地球在银河系中所处的位置，我们将在后文详述。

在中欧地区，我们观测银河最好的时间是夏季。此时银河穿过天鹅座，在这部分天区我们能看到暗星云和散发着红光的气体星云

行星和它的伙伴们

与夜空中那些位置相对不变的遥远恒星不一样，月球在绕着地球转动，行星在绕着太阳转动，偶尔还会有一颗近地人造卫星或者遥远的天外来客——彗星划过天空，这些都是我们能感知到的。

月球

月球是我们在茫茫宇宙中最近的邻居，也是除太阳以外我们在地面上看到的天空中最显眼的天体。月球与地球之间的平均距离只有大约 3.84×10^5 km，处于近地点时它与地球相距约 3.56×10^5 km，处于远地点时它与地球相距约 4.07×10^5 km。由于月球距离地球非常近，我们从地面上看，月球在天空中的亮度仅次于太阳，即使是未受过天文观测训练的人也无法忽略它。月球的外观，即月相在不断变化，并且观测条件每天也在变化，这就使得我们对它越发关注。

有时，我们会看到月球如一弯细细的蛾眉，在刚刚日落时便挂在西方的地平线之上。它日益变宽，数天后我们将看到一轮硕大的满月高悬于夜空，一段时间后我们又会看到日渐消瘦的半月在曙光微露的南方天空发出惨淡的白光。

在长期观测月球的过程中又常常会有数天、数周乃至数月，我们完全不会与月球碰面。其实这并不仅仅是天气的原因：月球大约每 4 周绕地球运行一周，所以它不会在每个夜晚的同一时间出现在天空中的同一位置——平均而言，它每天都会向后推迟约 1 个小时才出现。因此，天气和时间不凑巧的话，我们很容易错过它。

月相的形成

现在，让我们通过观测月球围绕地球的公转，来试着弄清它看似杂乱无章的变化规律。我们从月球最靠近太阳的时候开始观测，虽然此时月球因与太阳同时出现在白昼的天空中而不能进入人们的视线，但新月（又称为“朔”）出现的时间是能够被精确地计算出来的，大多数年历都会给出这一时间。

新月出现 2 天后，月球会在它的绕地轨道上移动至离太阳足够远的地方，以蛾眉月[1]的身份出现在傍晚的天空中。春季的傍晚，黄道与西方地平线之间夹角较大，上蛾眉月会在太阳后面落山；而秋季傍晚的情况则与之相反，会有那么几天，黄道与西方地平线夹角较小，太阳与上蛾眉月几乎同时落山，以至于我们无法看到月球。

蛾眉月与其他月相一样，其形状是由月球表面被太阳照亮的比例决定的，而不是地球的

1 蛾眉月指农历月初或月底的月相，分为上蛾眉月和下蛾眉月。上蛾眉月出现在月初傍晚的西方天空，月面朝西，呈反 C 状。下蛾眉月即我们俗称的残月，出现在月末黎明的东方天空，月面朝东，呈 C 状。

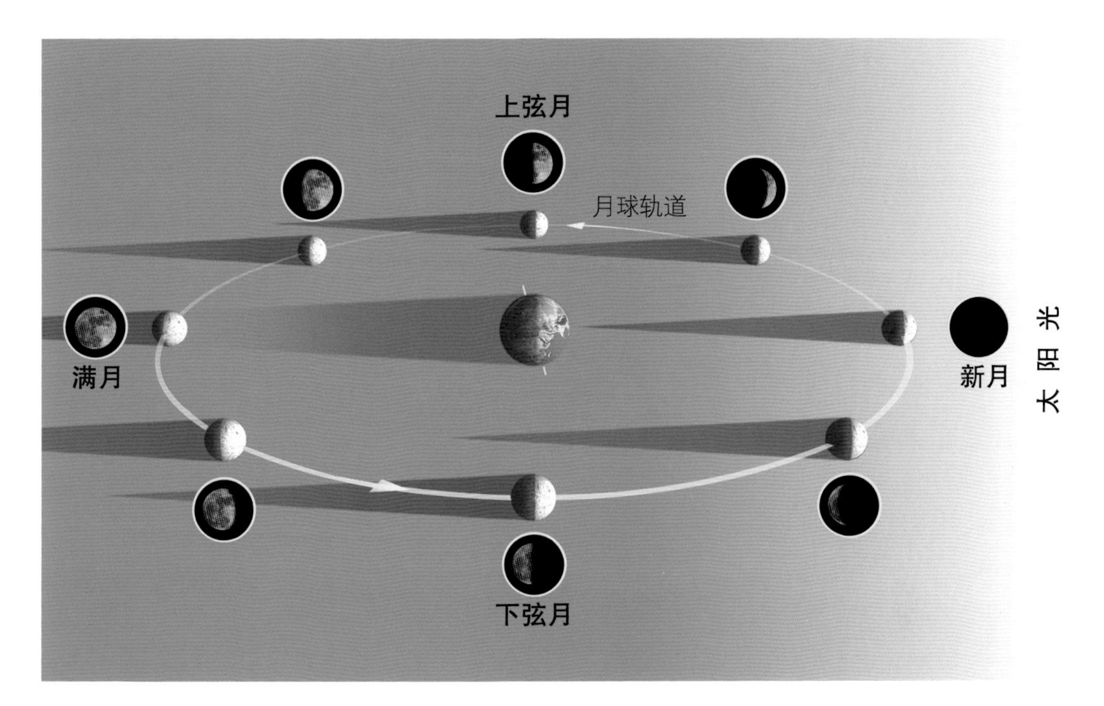

月相的形成

阴影被投射到月球表面形成的（后者是月食形成的原因，后文会详细介绍）。新月之后的数天，太阳从斜后方照在月球上，我们看月球时月球几乎仍都处于逆光中。这时我们常常会发现，没被太阳光照亮的那一部分月面也隐约发出微光，这种所谓的“灰光”[1]是地球将太阳光反射到月球表面形成的。

月球在绕地轨道上距离太阳越远，我们能看到的它的明亮部分就越大——月球就这样日益丰满起来。新月出现后的一周，日月黄经差恰好为 90°，太阳光照亮月球的（右）半边，天文学上称此时的月相为上弦月，月球此时刚好绕地 1/4 周。太阳落山时，上弦月位于南方，然后在午夜时分没入地平线。

上弦月之后的数天，月球越来越丰满。新月出现后的整整两周，月球就从新月变成了满月（又叫“望”）。在这段时间里，月球升起和落下的时间越来越晚，以至于满月时，它在太阳落山时才升起，在太阳升起时才落下——此时地球位于月球与太阳之间，因此，整个夜晚月球都会干扰我们对暗弱恒星的观测。

在这之后，月球升起的时间继续向后推迟，许多人将看不到它的升起。在下弦月出现前后的一段时间里，我们想看到月球并不容易：它在晚上很晚才升起来，甚至在午夜之后才高悬于东方天空，它的“肚子”现在向左边鼓起而不是右边，因为这时太阳光是从左边照射到月球上的。在下一次新月出现前的最后一周里，月

1 又叫地照或地球反照。

残月。没被太阳光照到的那部分月面被它自己天空中接近圆形的地球所照亮

球离太阳越来越近，渐渐亏减成细细的残月，最终消失在黎明的曙光中。

两次新月之间的时间间隔被称作一个朔望月，平均约为 29.5 天（准确来说是 29 天 12 小时 44 分钟 2.9 秒）。由于月球轨道为椭圆形，两次新月之间的时间间隔或长或短，会有少许差异。

如果观察月球穿行于星座之间的轨迹，我们会发现，月球在天空中行走的轨迹与太阳的轨迹基本一致（我们虽然不能直接观察太阳穿行于星座间的轨迹，但可以根据黄道星座的变迁进行推导）。事实上，平均来说，月球绕地公转的轨道（又叫白道）与黄道之间有一个 5° 多的夹角。就像天赤道与黄道之间存在交点一样，白道和黄道之间也有两个交点，即所谓的“月球交点”。与春分点（天赤道与黄道的交点之一，在这里，太阳跨过天赤道向北移动）相对应的月球交点是白道相对黄道的升交点[1]，与秋分点相对应的则是白道相对黄道的降交点。月球在经过升交点和降交点的过程中还会经过它的北赤纬角极值点（与黄道上的夏至点对应）和南赤纬角极值点（与冬至点对应）。另外，黄道与白道之间夹角（黄白交角）的存在使得月球是新月时，大多数情况下都位于地日连线的上方或下方。只有个别的情况下月球才刚好位于地日连线上，这时，月球的阴影就会被投射到地球上，日食由此产生。

1 月球运行至白道对黄道的升交点处时跨过黄道进入黄道北侧，运行至白道对黄道的降交点处时跨过黄道进入黄道南侧。

当月球位于黄道附近时，可能会发生行星合月的现象。本图中为金星合月

满月的季节性变化

满月时，地球位于月球与太阳之间。就像太阳一年四季的周日弧会不断变化一样，月球的周日弧也会随着季节的更替而改变：冬季时，满月在天空中的高度角很大（跟夏季的太阳一样）；而到了夏季，满月就只能低垂在地平线之上不太高的地方（跟冬季的太阳一样）。与此同时，每一个月，满月的位置都会向东偏移一点儿，进入下一个星座。两次满月之间的时间间隔，即 1 个朔望月略长于月球绕地球一周所需的时间——1 个恒星月（平均约为 27.3 天，准确来说是 27 天 7 小时 43 分钟 11.6 秒）。在介绍地球自转时我们已经了解到，1 个太阳日要长于 1 个恒星日。

可是，月球的运动明显受到太阳和地球引力的影响。由此导致的现象之一就是，月球绕地轨道——白道的轨迹会在数年间改变。确切地说，月球交点（白道与黄道之间的交点）大约每 18.6 年就会穿过所有的黄道星座——月球绕地轨道平面（白道面）看起来就像转动了一整圈。由于月球交点的这种移动，月球每次经过背景星空的路线都不一样。在这 18.6 年内，月球位置的变化幅度在赤纬上可能超过 10°。这种情况在满月时更为明显：当白道相对黄道的升交点和春分点重合时，北赤纬角极值点位于双子座，此时冬季的满月比夏至日时的太阳还要向北 5°；相应地，南赤纬角极值点就处于人马座，此时夏季的满月比冬至日时的太阳还要向南 5° ——这种月球赤纬角处于最大值的情况在 2025 年就会发生。而在最近一个 18.6 年的中间时刻，也就是在 2015 年或 2016 年，白道对黄道的降交点与春分点重合，此时南赤纬角极值点位于双子座，以至于冬季的满月比夏至日时的太阳向南 5°，相应地，北赤纬角极值点位于人马座，以至于夏季的满月比冬至日时太阳的位置向北 5°。

观察月球与那些靠近黄道的亮星的相对位置变化，也可以明显看出月球轨道的变化。比如说，月球有时从毕宿五、轩辕十四、角宿一或心宿二的北面经过，数月或数年后却又从这些亮星的南面经过，有时还会遮住某颗亮星。月球两次经过同一月球交点之间的时间间隔即 1 个交点月（又叫龙之月），平均大约为 27.2 天（精确地说是 27 天 5 小时 5 分钟 35.9 秒）。

“大月亮”和“小月亮”

月球在升起和落下时往往显得特别大，尤其是满月时。虽然月球的绕地轨道是椭圆形的，它在近地点时看起来应该比在远地点时大一些，但这不是它在地平线附近时看起来特别大的原因。太阳在地平线附近时也比高挂天空时看起来大得多。之所以会这样，可能是一种光学错觉，也就是大脑在将太阳、月球与地面参照物做比较时错误地估计了地平线到眼前的距离，以至于地平线附近的太阳和月球看上去都比它们的真实尺寸大。

不考虑月球运行到近地点和运行到远地点的时间间隔的话，我们其实可以直接看出月球的椭圆形轨道对月球在人眼中的大小造成的影响：月球处于远地点时的地月距离要比处于近地点时的远大约 14%，月球的视直径会因此缩小大约 1/7。然而现实是，月球从近地点的“大月亮”变成远地点的“小月亮”，这一过程要持续大约 2 周的时间，所以我们无法直接比较这两者的差异。

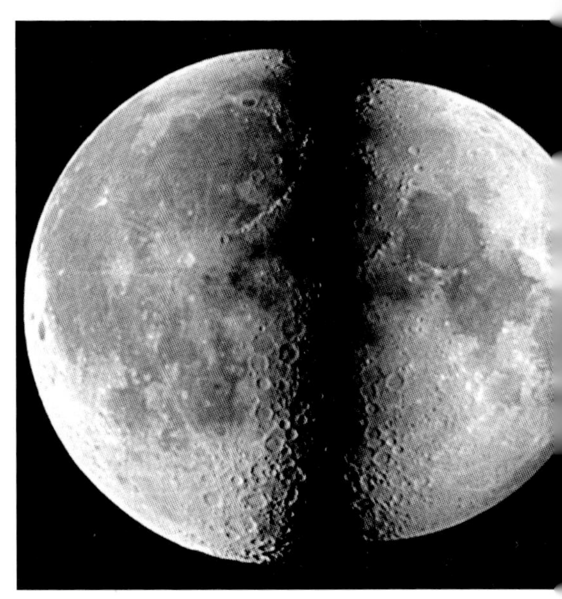

位于近地点的月球看起来明显比位于远地点的月球大

月食

满月有时会出现在月球交点附近，这时月球就有可能部分或者全部进入地球的阴影：当月球扫过地球本影的边缘时，会发生月偏食；当月球完全进入地球本影时，就会发生月全食。月食中的全食阶段可能持续超过 1.5 个小时。在发生月全食的这段时间里，月球没有被太阳光直接照射到，按理说它应该短暂地消失不见，但是地球大气层会将照射到地球上的一部分太

月球进入地影中后，逐渐被“蚕食”。这张合成照片显示的是 2015 年 9 月 28 日月食发生的过程

阳光折射到地球的阴影中。而太阳光中的蓝光在穿过地球大气层时大多被散射掉了，所以发生月全食时月球表面会呈红铜色，而颜色的明暗与地球大气污染程度有关。月食发生时，只要月球位于观测者所在地的地平线之上，并且天气条件允许，它就能被观测到。也就是说，地球上超过一半地方的人可以观测到月食。日食和月食会在近似的天文条件下每隔 18 年零 10 天或 11 天发生一次。2000 多年前人们就已经发现了这个所谓的“沙罗周期”[1]，1 个沙罗周期即 223 个朔望月，与 242 个交点月只有不到 1 小时的偏差。

行星及其运动

除月球（以及太阳）外，我们用肉眼还能看到，天空中有几个天体相对那些位置固定的恒星或显著或缓慢地移动着。这种在古代观星者眼中不可思议的运动让这些天体获得了一个统一的名称——行星，这个名称来源于古希腊语中的“流浪”一词。除了 5 颗肉眼可见的行星——水星、金星、火星、木星和土星外，古人将太阳和月球也视为行星——每周的 7 天最早就是根据这 7 颗“行星”的名字来命名的。

数千年来人们曾经一直相信，所有行星和恒星都镶嵌在水晶天球上，整个天球以地球为宇宙的中心旋转着（地心说）。直到 16 世纪中期，日心说取代了地心说。信奉日心说的人认为所有行星——也包括地球——在以太阳为中心的椭圆形轨道上运行。

内行星：水星和金星

在地球上看到的所有行星的情况都和月球一样，取决于它们与太阳和地球的相对位置。

1 沙罗周期是指每隔 223 个朔望月，即 6585 天多一点儿，地球、太阳和月球的相对位置就会再次重复，日食和月食也会在新的周期里按原来的规律重演。每个沙罗周期内大约会出现 43 次日食和 28 次月食。

我们先从水星和金星（与地球相比，它们都离太阳更近）正好处于太阳和地球之间时展开讨论。此时它们与太阳同处于白昼的天空中，这种现象被叫作下合（与“上合”相对，上合时水星和金星处于太阳的另一侧）。下合前后，水星和金星在我们眼中是在黄道上“逆行”——与其他天体穿过各个星座的方向（自西向东）正好相反。太阳与水星和金星之间的距角迅速变大，以至于在下合之后的数周内，水星和金星就会出现在清晨的天空中。然而由于它们的轨道离太阳很近，它们在天空中与太阳的距角也不会太大——水星与太阳之间的距角最大为28°，金星与太阳之间的距角最大则不到47°。这意味着，我们若想看到这两颗行星，只能要么在日出前最后一小段时间里的东方天空，要么在日落后最初一小段时间里的西方天空里中寻找。它们永远不会出现在清晨的西方天空、傍晚的东方天空或者午夜的南方天空中。

金星和水星（尤其是水星）与太阳的最大距角——也就是所谓的“大距”的存在，增加了我们的观测难度，因为这就意味着它们的最佳观测时间非常有限。水星轨道特殊（轨道倾角和轨道偏心率均较大），在德国的话我们只有在春季（傍晚）或者秋季（清晨）的数天或数周才能看到它。因此，我们很难发现水星，尤其是初学者。因为在已经很明亮的曙光或者还很明亮的暮光中，我们几乎连任何可以帮助我们寻找其他天体的背景恒星都看不到。

与水星不同的是，金星则很容易被我们发现，因为它是天空中除了太阳和月亮之外最明亮的天体，非常引人注目。在金星最亮的一段时间（下合前后大约5.5周）里，它甚至亮到我们在白天用肉眼直接就能看到——前提是，我们得知道它在天空中的大体位置。

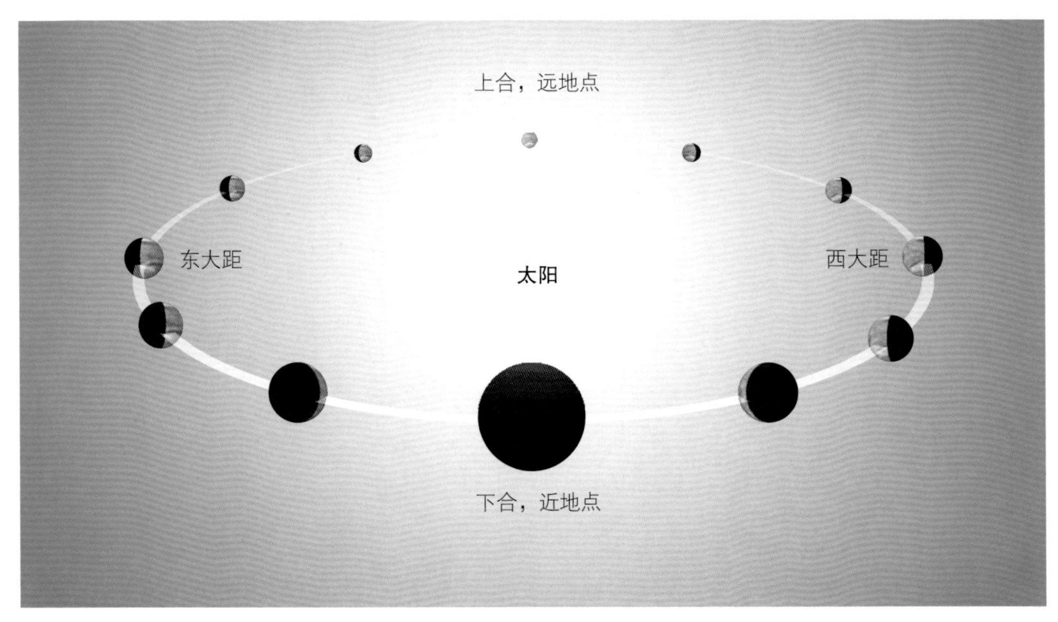

从地球上看去，内行星——水星和金星在天空中与太阳只有一箭之遥。因此，我们只能在清晨和傍晚的天空中看到它们

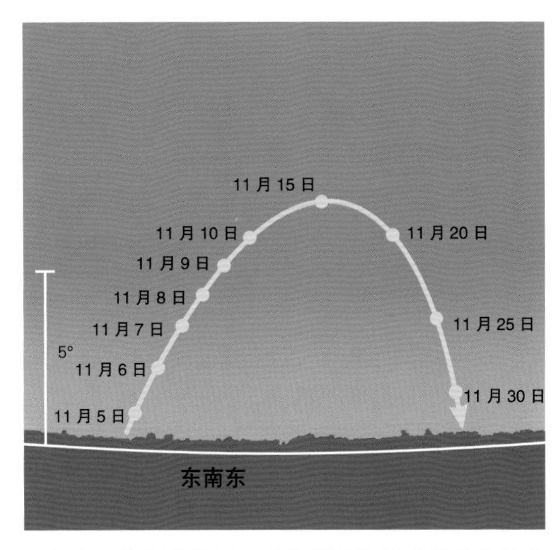

一年中只有那么几天，我们能在清晨或傍晚的天空中看到近日行星——水星

水星和金星在清晨可见的那段日子里，绕着太阳在天空走出了一个半圆弧形——先“逆行”一段时间，再顺行至西大距处，然后以不同的速度（水星和金星的公转周期不同）迅速向太阳靠拢。水星的最佳观测时间只有3周，金星的最佳观测时间则长达半年多。

接下来，水星和金星会再次隐没在太阳的光辉中，从我们的视线中消失，走到太阳背后（上合）。它们从太阳背后往太阳左侧（东）运行时，先是在一段时间内不可见，然后在傍晚的天空中现身。一段时间后它们会到达东大距。再过一段时间，它们就又从顺行变成了“逆行”，再次投奔太阳（下合），隐没在太阳的光辉中。我们如果此时从太阳系上方俯瞰，会发现水星和金星正在“超车”——下合期间，它们会在自己的轨道上超过公转速度比它们慢的地球，与地球的距离会缩至最小。

内行星相邻两次合的时间间隔叫作会合周期——它必然比内行星绕日运行的一个恒星周期[1]长，因为作为参考点的地球也在绕日公转。有趣的是，金星每5个会合周期只比8个地球年少数天，所以地球的这位近邻的可见情况每8年就会几乎不变地重复一次。

凌日

金星和水星的公转轨道与黄道面之间存在一个小夹角，因此，它们在下合时大多会处于地日连线的上方或下方，跟月球处于地日之间时的情况一样。

这两颗内行星只有恰好处于各自轨道上与黄道的两个轨道交点[2]之中的一个附近，下合时才偶尔会出现下面这种现象：我们从地球上看，水星或金星刚好从太阳圆面前方经过，即水星凌日或者金星凌日。由于水星的公转轨道更靠近太阳，水星凌日比金星凌日发生的频率更高。整个21世纪总计将发生14次水星凌日，其中2次[3]已经发生。下一次水星凌日将发生在2019年11月11日，中欧地区的人们可以观测到这一现象。接下来，得到2032年11月13日我们才能再次观测到这一奇观。金星在21世纪已经凌日两次，一次发生在2004年6月8日，当时德国的观测条件良好。另一次发生在2012年的6月5日至6日，在德国我们

1 恒星周期：指太阳系天体相对于固定的恒星公转一周的时间间隔。
2 轨道交点：指行星绕日公转轨道与黄道的交点。
3 原版书出版时间为2013年，水星凌日2次是那时的数据。截至2018年，水星凌日现象已出现了3次。第三次水星凌日现象发生于2016年5月9日。——编者注

2004 年 6 月 8 日是 120 年来金星首次凌日

只能看到它凌日的末尾阶段。金星下一次凌日则要到 2117 年。

如何观测凌日现象？

水星或金星凌日会持续数小时。水星太小了，以至于我们只有用天文望远镜才能观测到，在天文望远镜里我们会看到它以一个小黑点的形式从太阳圆面前方经过。观测金星凌日时，用一副小型双筒望远镜就足够了。**但要注意的是，永远不要不施以任何保护措施就直视太阳，无论是直接用肉眼还是在使用光学设备的情况下都不要这样做**！观测行星凌日要注意的事项与我们观测太阳或日食要注意的相同！最安全的方法就是将太阳图像投影到一个白色的平面上，或者在天文望远镜或双筒望远镜的物镜前安装太阳滤光片。有关如何安全观测太阳的详细内容请参见第 80 页“太阳的观测”一节。

外行星：火星、木星和土星

其他 3 颗肉眼可见的行星——火星、木星和土星在地球轨道外侧围绕太阳公转，我们对它们的观测与对内行星的观测不同。最主要的不同是，这些外行星虽然不能进入太阳和地球之间的地带，却可能在地球外侧与地球和太阳连成一条直线，即出现所谓的冲日现象。就像满月一样，行星冲日时在天空中与太阳处于相对的位置。某颗行星冲日时，太阳落山时该行星从东方升起，午夜在南方天空到达它在天空中的最高点，太阳升起时坠入西方地平线之下，我们整夜都可以观测到它。此外，冲日时外行星与地球之间的距离最近，所以火星、木星和土星冲日时会显得特别亮。

就像在介绍内行星时那样，我们也从“合”开始探讨外行星的运动轨迹。我们从地球上看，外行星合日时正好在太阳的背面。所有外行星都在以不同的速度沿着天空中的“交通干道”——黄道运行，因此，合日后它们与太阳之间的距角会以不同的速度增大。火星平均每 26 个月（1 个会合周期）与太阳相合一次，合日后它一直慢吞吞地跟在太阳身后，数月后才能再次出现在清晨的天空中。木星的会合周期为 13 个月多，土星的会合周期则不到 12.5 个月。木星和土星与太阳之间的距角变化得更快，所以合日后的 4~6 周就能重新出现在天空中。在接下来的数月里，火星、木星和土星与太阳之间的距角不断变大，升起的时间也就越来越早——到后来，它们在上半夜就已挂在东方天空中，映入观测者的眼帘。与此同时，它们与地球的距离在慢慢缩小，也显得越来越亮。

冲日

到目前为止，火星、木星和土星这三颗外行星都在以基本不变的速度顺行，也就是按照天体普遍运行的方向——自西向东沿着黄道移动。然而接下来它们的速度会逐渐减小，直至最终（从我们的视角上看）停止，然后反向移动，开始“逆行”。它们与太阳的距角不断加大，公转速度也猛然加快，升起的时间也越来越快地向日落时间靠拢——冲日现象即将出现。

由于各自的轨道特征不同，火星、木星和土星在冲日时的最大亮度也就不同。比如说火星，它的公转轨道相对来说更接近椭圆形，这使得它冲日时与地球之间的距离在不足 5.6×10^7 km 至超过 1.01×10^8 km 的范围内变化——这一数值是大是小取决于火星处于它公转轨道上的近日点附近还是远日点附近。火星冲日现象的最佳观测时机（火星大冲或近日点冲日）每 15 或 17 年出现一次。上一次特别壮观的火星大冲现象出现在 2003 年 8 月。而在 2018 年夏季，火星与地球将再一次相互靠

2016 年火星冲日时的之字形视运动曲线，当时火星位于天蝎座附近的天区

2003 年夏季，火星（图中左上方明亮的天体）正好位于宝瓶座。在本图右下方我们还能看到螺旋星云

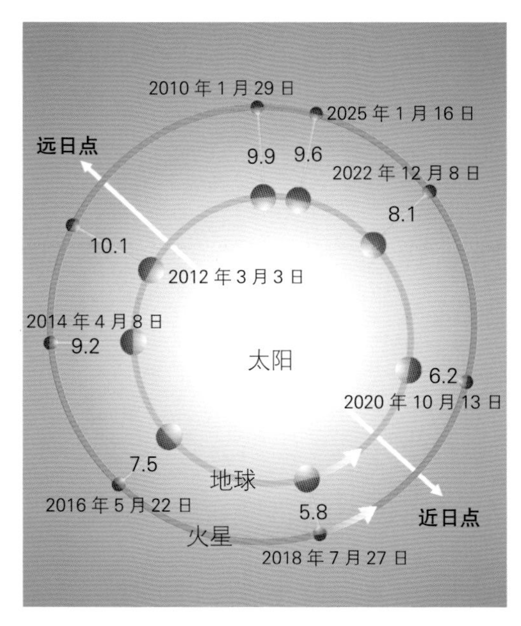

火星冲日时的位置。轨道间的数字表示火星与地球的距离（单位：1×10^7 km）

近，近到大约相距 5.76×10^7 km[1]。在与地球这样亲密“接触”时，火星的视星等甚至会暂时超过木星，几乎达到 -3 等。而当不利于观测的“远日点冲日”出现时，火星与地球相距甚远，视星等大约为 2 等。

木星的视星等变化幅度没有火星大，尽管它近日点冲日和远日点冲日时的绝对距离相差了大约 7.5×10^7 km，远大于火星的情况。但由于与火星相比木星距离太阳和地球更远，相对距离差反而没有火星那么大。

观测带行星环的土星则又与观测木星和火星不同，因为土星环会影响观测。我们从与土星环平面夹角很小的角度甚至从土星环平面的侧缘看到的土星，比从与土星环平面夹角很大的角度（最大为 27°）看到的土星黯淡得多。因为表面布满冰质颗粒的土星环能够很好地反射照射在它上面的太阳光，所以它可以极大地增大土星的亮度。

宇宙超车赛

冲日后，这几颗外行星会继续“逆行”，在背景星空上向西移动一段时间后速度将渐渐变慢，然后开始顺行。一直到中世纪末期，这一现象都让信奉地心说的观星者们非常困惑，因为他们认为地球是宇宙的中心且是静止不动的。后来日心说取代了地心说，信奉日心说的观星者们认为包括地球在内的所有行星都在围绕太阳转动，而行星这种短暂的逆行现象只是一种视觉效果，是行星间的相对运动所引起的人的视觉上的错觉。我们如果从太阳系上方俯瞰，会发现所有行星都在绕着太阳有规律地逆时针转动，各自的公转周期随行星与太阳之间距离的增加而增长：水星绕太阳转动一周需要 88 天，金星需要 225 天，地球需要 365.25 天（一年），火星需要 687 天（22.5 个月），木星需要将近 12 年，土星则需要大约 29.5 年。外圈轨道上的行星总是会被它内圈的“同跑者”赶超，赶超的周期或长或短，但基本是一定的。所以地球平均每 116 天就会被水星超过，每 584 天就会被金星超过，而它自己每 25.6 个月就会从内道超过火星，每 13 个月就会超过木星，每 12.5 个月就会超过土星。在这样的赶超过程中，行星就像高速公路上彼此追逐的汽车：虽然它们在做同向运动，但是速度较慢的那颗行星看起来就像在向相反的方向运动——它先被速度较快的行星接近，然后被赶超，最后被甩在后面。

1 原版书于 2013 年出版。——编者注

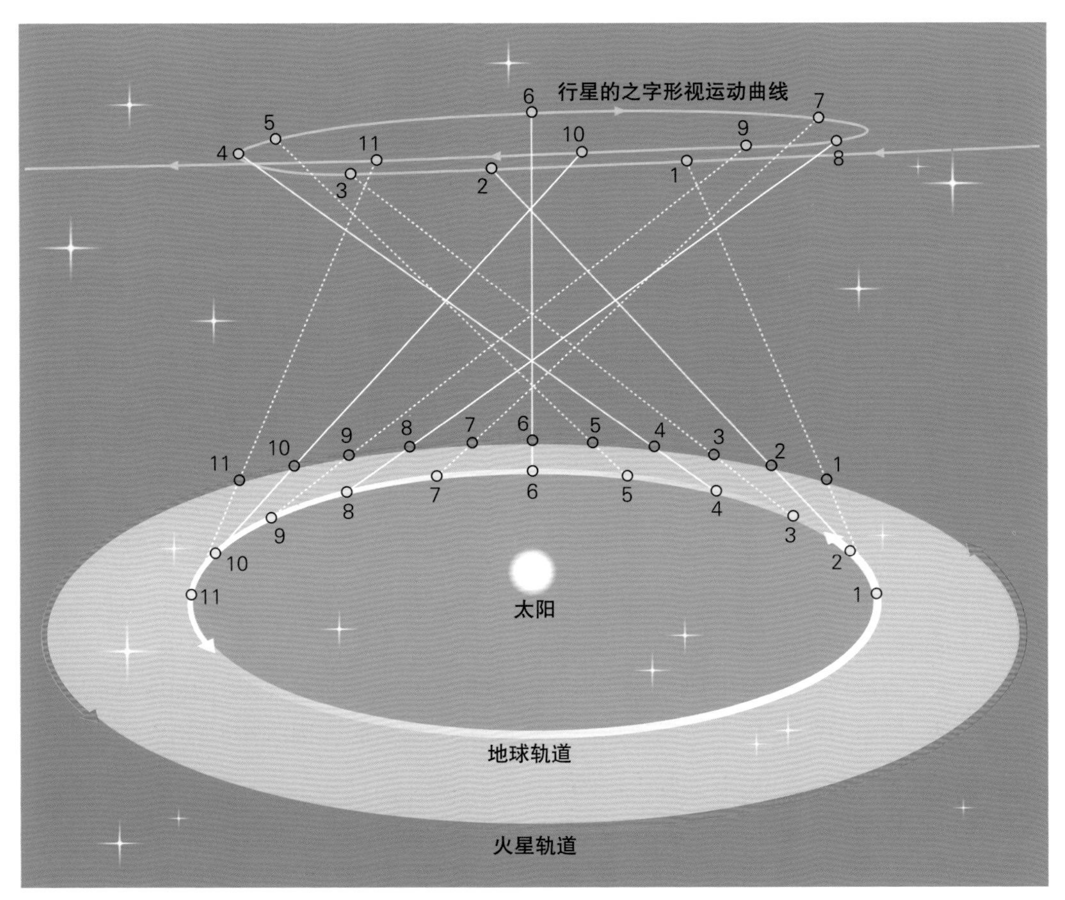

宇宙超车赛：地球绕太阳公转的速度比其他外行星（本图中为火星）快，因此图中火星在天空中的视运动轨迹呈之字形

冲日前后，落后的那颗行星的逆行路线的起点和终点很容易就能被我们通过行星轨道的几何形状推导出来。

这些外行星在接下来的一段时间里可见，然后离太阳越来越近，即没入地平线之下的时间与日落的时间越来越接近，慢慢地消失在了上半夜的星空，最终在傍晚时分没入地平线之下，第二次合日到来。

通过天文望远镜发现的行星：天王星和海王星

自 17 世纪初天文望远镜被发明以来，又有两颗行星和无数小行星被发现，它们都以同样的方向在绕太阳公转。1781 年，天文学家威廉·赫歇尔在英国发现了天王星。1846 年，在柏林天文台工作的天文学家伽勒发现了另一颗行星——海王星，不过当时海王星可能所处的位置已经被法国天文学家勒威耶提前计算出来了，因为它对天王星的运行产生了干扰。1930

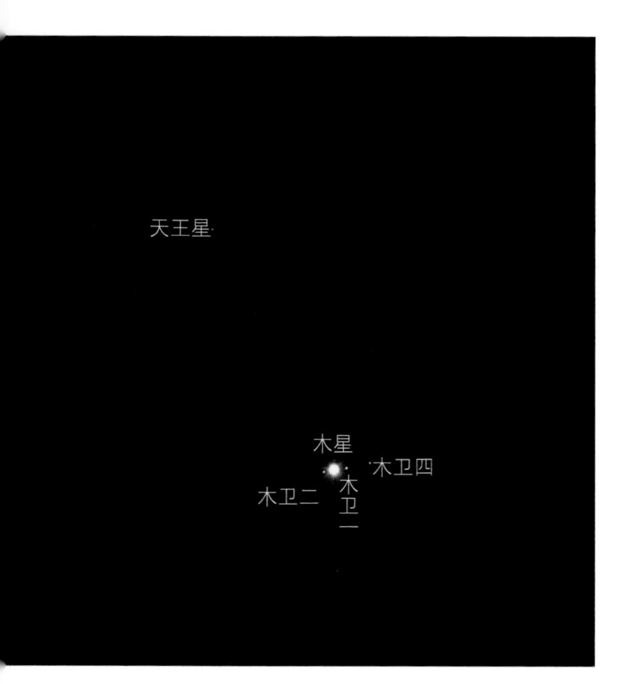

2010 年 9 月 21 日，天王星与木星近距离相遇。图中还有木星的三颗卫星

年克莱德·威廉·汤博发现了冥王星，当时冥王星被视为行星，2006 年它又被从行星之列剔除出去了。

对天文观测者来说，天王星和海王星这两颗通过天文望远镜发现的行星以及那些自 1801 年以来陆陆续续被发现的小行星用肉眼是看不见的。尽管天王星冲日时的亮度大于肉眼观测的极限，但它也仅处在肉眼可见限度的边缘，还是非常暗弱。海王星每日运动的距离非常短，以至于我们用肉眼观察的话，要隔数周才能感知到它位置的变化。

流星

天空中大多数天体的运动相当缓慢，甚至慢到我们难以察觉。但是偶尔我们会看到星空中有物体在飞快运动：那是一个光点，它会在刹那间划过星空然后迅即消失。极少数情况下我们还会看到它留下的明暗程度不等的光迹，持续数秒甚至数分钟才逐渐消散。

从前人们认为，这时天上会坠落一颗星星，而这预示着世界末日的到来。也许人们看到流星就要许愿的风俗就是由此而来的，因为这可能是最后一次许愿了。事实上，这种现象是由大头针针头那么小的宇宙尘粒造成的，尘粒在围绕太阳转动的过程中与地球轨道交会，侵入地球大气层并燃烧殆尽。然而我们看到的并不是燃烧的尘粒本身，而是燃烧的尘粒划过距离地面约 100 km 高的大气层时的轨迹。由于摩

一颗明亮的流星是星空给观测者的惊喜

擦会产生热量，尘粒周围的空气分子被激发而产生了光亮。天文学上将这种光迹叫流星，而燃烧的宇宙尘粒叫流星体。一些夜晚，一群流星密集出现，看起来就像是从天空中同一个点辐射出来的，然后一起划过天空，这种现象就是流星雨。常见流星雨的信息请参见第 113 页“流星的观测”一节的表格。

人造卫星

经常观星且粗通星座知识的观测者，时常会在夜空中看到一个光点，它乍看上去难以被辨识，并且以明显可见的速度匀速划过天空。然而这个光点并不是 UFO，而是一颗在地面以上数百千米的高空围绕地球转动的人造卫星。当地球已经被夜色笼罩时，人造卫星所在的高空仍有太阳光将它照亮。

最引人注目的人造卫星当属国际空间站（ISS），它围绕地球运行的轨道面穿过地球南北纬 51.6° [1] 之间的地区。国际空间站绕地球一周大约需要 92.3 分钟，但这并不代表它会频繁飞过某一固定地点的上空。92.3 分钟后地球已经自西向东自转了一段距离，因此，就地球上某一固定点而言，国际空间站每绕地球一圈就会相应地向西偏移一段距离。好在它的轨道足够高，大约在 400 km 的高空，因此，即使它不从我们的头顶经过，千里之外的我们也一样能清楚地捕捉到它的身影。尽管如此，我们还是无法在国际空间站或者其他人造卫星每一次经过的时候都看到它们。我们如果想要看到一

它们到底是不是 UFO？

- 人们偶尔会在夜空中发现不知名的亮点或者不同寻常的景象。初次看到这些时人们往往非常兴奋，尤其是那些对形形色色的天文现象还不是很熟悉的观测者。但是我们基本可以排除它们是 UFO（不明飞行物）的可能性，即使有些现象看起来的确很令人费解。
  下面我们列举一些夜空中的景象及其最有可能的解释。
- **光斑：**被从下方照亮的云、射向天空的探照灯、被月光照亮的飞机尾迹、极光、彗星。
- **渐强的光：**冲着观测者飞来的流星（罕见）。
- **闪烁或跳动的光：**大气湍动剧烈时较亮的恒星、转动着的人造卫星、飞机。
- **快速的颜色变化：**大气湍动剧烈时较亮的恒星、变换中的飞机航行灯。
- **恒星的显著抖动：**大气湍动剧烈（视宁度差）。
- **轻微的蛇行：**人造卫星让人产生的光学错觉。
- **明显的位移：**飞鸟、热气球、飞机、人造卫星、流星或火流星。
- **经过数天才能看出的位移：**行星、彗星或小行星。

1 即 ISS 的轨道倾角（卫星轨道与地球赤道的夹角）为 51.6°。

知道人造卫星将在何时闪过，能使朋友青眼相看

颗以光点的形式出现的人造卫星，那么它必须被太阳照亮，同时我们身处的环境还要足够暗。以国际空间站为例，它在经过我们头顶时，如果我们想同时满足上面所说的这两个条件，太阳就必须处于地平线之下 18° 以上的位置。夏至前后，德国整个夜晚太阳的位置都符合这一要求；而春季、秋季和冬季的德国，只有在日出前或日落后的 2 个小时内太阳才处于这样的位置。当然，如果我们满足于远远地看着国际空间站在地平线上浮现然后就隐没，那么太阳的位置再低一点儿也没关系。

观测信息的查询

所有人造卫星运行的轨道都在不断变化，因此，我们想提前很长时间知道相关的观测信息几乎是不可能的。地面以上将近 400 km 高的大气都不是真空的，那里的大气密度大到能让一颗人造卫星不得不慢慢减速，以至于运行的轨道在不断降低。当太阳辐射特别强烈时，大气层外层中的大气的温度会更高，体积会膨胀得更大，对人造卫星的制动效应也更明显。

有关国际空间站和其他人造卫星的实时观测信息，我们可以在网站 www.heavens-above.com 上查询。进入网站后，我们输入观测地点的地理坐标后就可以在表格中查找该地点卫星观测的相关信息了。一些安装在智能手机上的 App 也能为你提供当地观测点卫星路过的情况。

国际空间站

国际空间站以 8 km/s 的速度自西向东绕地球疾行，比地球自转速度快得多，所以我们从地面上看它是自西向东快速掠过星空的。因此，通常来说，国际空间站从西方地平线升起，大约 3 分钟就到达它在天空中的最大高度。根据其轨道情况，达到最大高度时国际空间站可能位于西南、南或东南方的天空中。我们在北纬 51.6° 以南的地区观测的话，国际空间站也可能位于北方天空中。

一般来说，在升起的过程中，国际空间站的亮度在逐渐增加，它最亮时比夜空中最亮的恒星亮得多。接下来，它的高度不断下降，然后将出现扣人心弦的一幕：它突然从东方天空中消失，在多高的地方消失取决于太阳在地平线之下的位置。整个过程就发生在数秒之内，在这数秒里它突然变暗，然后倏忽不见。

国际空间站经过时在夜空中留下一条长长的光迹

有时我们在 1.5 个小时后就能再次看到它，有时直到第二天我们才会在新的时间点发现它的身影，一般来说会比前一天出现的时间早 1 个小时或晚 0.5 个小时。更引人入胜的是补给飞船飞向国际空间站并即将与之对接的美妙景象——我们会看到两个亮度不同的光点沿着同一条轨道相互追逐着掠过群星。

极轨卫星

不是所有的人造卫星在空中都是自西向东运动的——我们也会看到一些自北向南或者自南向北运动的人造卫星，即极轨卫星。因为极轨卫星的轨道跨过地球两极，所以我们在极轨卫星上能很好地观测地球，尤其是卫星轨道位于地面以上 780~800 km 的高空时。极轨卫星总是在固定时间经过固定地点，因此，在同一时间、同一地点它们的发光情况相同。然而，因为轨道更高，极轨卫星不像国际空间站那么亮，同时它们的体积也无法与国际空间站相比，此外它们的运动速度很慢，所以不那么引人注目。实际上极轨卫星的数量很多：我们如果在上文列出的网站上查询每晚人造卫星和末级火箭轨道的使用情况，会发现几十颗极轨卫星的名字赫然在列。

天外稀客——彗星

偶尔，通常是间隔许多年，天空中会经过一种外观极不寻常的天体，它不像恒星那样呈星点状，而是呈云雾状，并且拖着奇特的弯尾巴。它就是彗星，彗星的出现往往会引起媒体的极大关注，从前人们认为它的出现预示着灾难即将来临（现在有些媒体还在这么报道）。

对普通人来说，彗星的造访往往在预料之外，它会在数周内慢慢掠过星空，方式不同于太阳、月球和行星们运行的方式，轨道距离黄道很远。彗星只有处在其轨道的近日部分时，通常也就是处于地球轨道内侧时，才能明亮到肉眼可见，所以它的可见条件与内行星十分类似：那些明亮的彗星要么出现在傍晚的西方天空，要么出现在清晨的东方天空。轨道倾角较大的彗星可能出现在天极附近，甚至会从北极星旁边经过，比如说 1996 年 3 月来访的百武彗星。

2015 年 3 月来访的洛夫乔伊彗星（C/2014 Q2）在双筒望远镜中非常漂亮

2013 年 3 月来访的泛星彗星虽然亮度远低于人们的预期，但在双筒望远镜里仍然吸引力十足

彗星的彗尾总是背离太阳的方向。彗尾分为两种：一种是笔直的气体彗尾，常发出微蓝的光，几乎难以被肉眼察觉；另一种是弯曲的尘埃彗尾，往往非常宽大，发出黄白色的光，极为显眼。

望远镜

双筒望远镜和天文望远镜

光凭肉眼看到的天空是有限的。借助双筒望远镜和天文望远镜，我们不仅能获得天体的更多细节，还能看到那些原本暗弱的遥远的恒星、星云和星系。那么，一架天文望远镜到底具有哪些功能？我们在选购时又该注意些什么呢？

人类通过调节瞳孔的直径来控制进入眼睛的光线量。人眼为了适应不同的光强，会不断改变瞳孔的直径：在明亮的夏季白昼，瞳孔直径会收缩至 1~2 mm；在漆黑的夜晚或者在黑暗的房间里，人眼为收集到更多的光线，会将瞳孔直径放大至 6~8 mm。因此，与在较为明亮的环境中相比，在黑暗中将有 10~60 倍的光线到达人眼的视网膜。不过这只是个粗略值，一般来说，年轻人的瞳孔比老年人的更为灵活。

人眼视网膜对黑暗的适应过程，即暗适应需要 1 个小时。在这段时间里，我们无法看清夜空中的暗弱天体。当我们身处偏僻的高山地区时，完全适应了黑暗的双眼可以看到视星等为 6.5~7 的恒星。如果借助双筒望远镜，我们还能看到更暗弱的天体。

观测者坐在一架典型的业余天文望远镜旁

集光力

一副规格为 10×50 的中型双筒望远镜的极限星等[1] 可达 11 等，而我们用一架口径为 20 cm 的天文望远镜可以看到 13 等星。在进行天文观测时，使用光学仪器的最大的好处是比用肉眼收集到的光线更多（集光力更强）。第 55 页左上图向我们展示了望远镜的极限星等与望远镜口径的关系——随着望远镜口径的增大而增大，当然这些数据可信的前提是观测地点没有人工光源干扰，极为黑暗。如果天空很亮，我们能观测到的最暗的恒星的星等值就会减小。天空较亮的话会给最简易的、通常来说也最为经济实惠的观测仪器——双筒望远镜的观测效果造成极大的影响。然而从使用双筒望远镜升级到使用远比它更庞大、更笨重且更昂贵的观测仪器，比如口径为 20 cm 的反射望远镜，无

1 指望远镜所能观测到的最大星等。

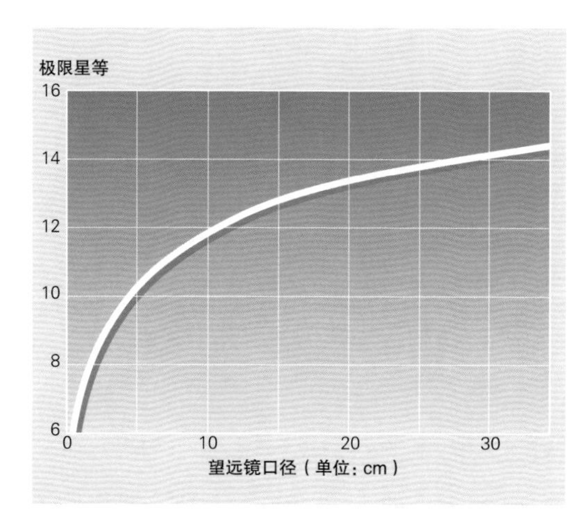

望远镜口径越大，我们用它能观测到的最暗的恒星的星等（极限星等）越大

论是在成本上还是在操作难度上，后者都大大增加了。但是，相对而言，后者的集光力并没有增强太多。这说明，从小型设备（比如一副双筒望远镜或者一架小型折射望远镜）开始我们的天文观测之路是比较明智的。

分辨率

我们去光学器材专卖店或者百货公司购买双筒望远镜或者天文望远镜时，会发现商品描述中主要介绍的是该设备所能达到的“最大倍率”。然而从上图我们知道，望远镜的口径才是最重要的。分辨率才是除集光力之外另一个对实际观测有重要意义的参数。因为如果放大的倍率越大而所获得的天体影像越不清晰，那么望远镜拥有一个在理论上可能达到的超大倍率又有何用呢？望远镜的分辨率直接取决于它的口径，代表的是望远镜对被观测对象结构细节的分辨能力。我们也称其为“分辨力”。天体在天空中的视直径常用度（°）、角分（'）和角秒（"）来描述。望远镜的分辨率（θ）与其口径（D）的关系为：

$$\theta(") = 12.6/D(cm)$$

根据上述公式，一架典型的口径为 10 cm 的折射望远镜的分辨率为 12.6/10=1.26"。一架口径为 20 cm 的天文望远镜的分辨率则小于 1"。使用这样一架天文望远镜（至少在理论上）可以将双星中相距不到 0.7" 的两颗子星分辨开来。如果地球大气层的视宁度较好的话，我们用它也可以将行星或月球表面微小的细节看得清清楚楚。

视宁度

我们在进行实际的天文观测时，地球大气层扮演着至关重要的角色。在以科学研究为目的的大型观测活动中是如此，就连天文爱好者使用相对较小的设备进行天文观测时也会受到它的严重影响。

地球大气层相当于一个“过滤器”，天体发射出来的光只有穿过它才能到达我们的设备和眼睛。因此，大气层影响着天体的成像效果。我们用肉眼观测较亮的恒星时会发现它们在闪烁，这虽然看上去很美，但会严重影响望远镜中影像的清晰度。大气在不停湍动，地面处的空气温暖而稠密，越往上空气就越冷、越稀薄。大气湍动使得大气中的冷暖气团、稀稠气团发生混合，这个过程会让光线发生微小的偏折，从而使望远镜中的影像不停地抖动，忽而膨胀，忽而又缩小成细微的光点。这时的观测效果就只能完全依赖望远镜的实际分辨率了。天文学中的专有名词“视宁度”，就是用来描述天体受大气湍动的影响变得模糊、闪烁的程度的。

大气特别稳定时，我们透过一架调试良好的望远镜看到的恒星的影像是它在成像物镜中形成的衍射影像。我们会发现，望远镜的分辨率是有限的，明亮的恒星周围会环绕一层层同心圆，也就是所谓的“衍射环”。这些衍射环并不是恒星本身所具有的，而是我们使用的望远镜造成的（光线在望远镜的透镜边缘发生了衍射）。所以我们将大型科研用天文台设立在高山地区不是没有理由的，主要就是为了获得高分辨率。架设在高山上的望远镜将大部分大气层置于脚下，这样它受到的大气扰动明显比架设在海平面高度的望远镜受到的小得多。

用一架调试良好的天文望远镜观测恒星时，会看到恒星周围典型的“衍射环”

倍率

“倍率”在广告宣传语中被作为望远镜的头等重要参数大肆鼓吹，但它对实际观测并没有多大意义。它的数值就是望远镜的物镜焦距与目镜焦距的比值。例如，一架天文望远镜的物镜焦距是 900 mm，目镜焦距是 20 mm，它的倍率就是 900/20=45 倍。如果改用 10 mm 焦距的目镜，望远镜的倍率则相应地变为 90 倍。如果如前所述，望远镜的分辨率只与望远镜的口径相关，那么将望远镜调成多大的倍率才对实际观测有用呢？这里给出一条简易法则：一般来说，调试望远镜时要将它的倍率调得跟它的口径（单位为 mm）数值相等。例如，望远镜的口径为 120 mm，那么我们建议该望远镜最大采用 120 倍的倍率。如果视宁度极佳，天体影像在望远镜中基本是静止的，那么我们可以把望远镜的倍率调到“最大有效倍率”，也就是望远镜口径（单位为 mm）数值的 2 倍。也就是说，一架口径为 120 mm 的天文望远镜，视宁度极佳时我们可以将其倍率调到 240 倍。

视宁度等级

等级	描述
1	视宁度极佳：即使望远镜倍率被调得很大，行星的影像也是稳定、清晰的
2	视宁度良好：成像清晰度与 1 等视宁度的相当，但会有短暂的模糊
3	视宁度中等：总体成像效果不错
4	视宁度较差：大气湍动明显，我们用望远镜可以看到较大的细节
5	视宁度极差：即使望远镜倍率被调得很小，我们也无法获得清晰的影像

如果将望远镜的倍率调得超过它的最大有效倍率，那么不具有任何实际意义。因为这样望远镜放大的只是模糊的影像，并不能提供天体更多的细节。所以选择望远镜时不要被大倍率给迷惑了。

实际观测中的倍率问题

望远镜倍率大的话可以呈现被观测天体的微小细节，却缩小了视场，比如说，只能显示月球的一部分。而望远镜倍率较小的话能显示整个月球以及它周边的星空，或者其他天体的全貌。望远镜倍率较大的话会使影像画面变暗，无法分辨暗弱的弥散型天体；而望远镜倍率较小的话能将这类天体从背景星空中分辨出来。因此，选择大倍率还是小倍率得视天体自身的情况而定。

上文我们已经提到过，选择不同的目镜可以获得不同的倍率。口径为 D、焦距为 f 的望远镜会在它的焦点处呈现被观测天体的影像。之后这个影像被一个放大镜——也就是目镜放大。所以观测者透过目镜看到的是被放大的天体影像。使用不同焦距的目镜，我们就可以获得不同的倍率。倍率 V 的通用计算公式为：

$$V=f_{物镜}/f_{目镜}$$

其中，$f_{物镜}$是望远镜物镜的焦距（在一架望远镜中物镜的焦距是固定的），$f_{目镜}$则是望远镜所使用的目镜的焦距（它是可变的）。在（物镜）焦距为 1000 mm 的天文望远镜上使用 10 mm 的目镜，就可以得到 100 倍的倍率。倍率与望远镜口径无关。

望远镜除了有最大有效倍率外，还有最小有效倍率。倍率越小，从目镜中射出来的光束就越粗，而不能进入人眼瞳孔的光线会被浪费。所以望远镜存在最小有效倍率，我们将望远镜的倍率调成最小有效倍率时，从目镜中出来的光束能全部进入瞳孔。最小有效倍率相当于望远镜口径（单位为 mm）除以瞳孔直径（一般为 7 mm）。一架典型的口径为 100 mm 的天文望远镜的最小有效倍率即为 100/7=14 倍。想要获得较小的倍率，可以使用焦距为 40~50 mm 的长焦目镜。一架口径为 100 mm 的折射望远镜的最大有效倍率是 200 倍，为获得这个倍率，如果望远镜（物镜）焦距为 1000 mm，我们就要使用焦距为 5 mm 的目镜。

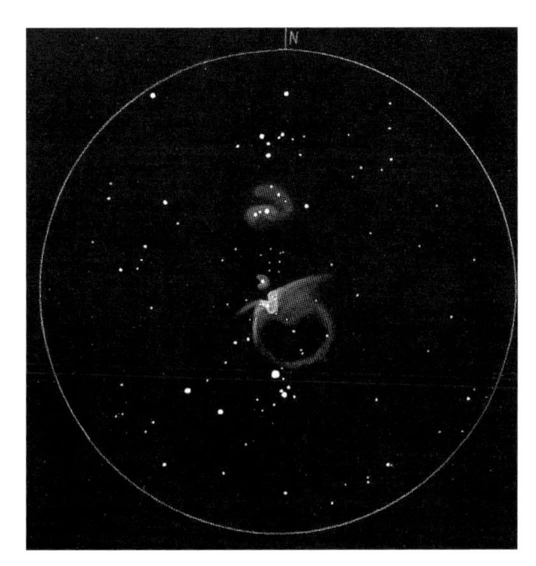

根据双筒望远镜中的影像绘制的猎户星云

拥有一套（3~4 个）目镜，并且目镜的焦距在 5~40 mm 之间，完全可以满足实际观测的需要。如果你还想购买其他目镜，请注意：市场上林林总总的各类目镜，质量参差不齐，价格也相差得非常多。对初学者来说，选择简单又实惠的目镜就可以了。

另外，目镜还有“普通目镜”和“广角目镜”

之分，二者的区别在于视场。用普通目镜观测时，我们会看到视场边缘圆形的光阑。而使用广角目镜时，我们需要来回转动眼球才能看到视场边缘，甚至完全看不到——被观测的天体就像悬浮在我们眼前，观感十分舒适，令人印象深刻。但广角目镜价格相对较高，因为它的制造工艺更复杂。广角目镜也有不同的焦距可供选择。

在购买目镜时，我们须在两种基本类型之间做选择：是该选择 1.25 in（31.75 mm）的目镜，还是 2 in（50.8 mm）的？如果望远镜的目镜接口较大，我们当然要使用较大的目镜。与 1.25 in 的目镜相比，2 in 的目镜装有更大的视场光阑，所以适合用于低倍率摄影，以获得大视场。望远镜倍率较大时则适合安装 1.25 in 的目镜。应该记住的是，类型相同、焦距一样的两个目镜，2 in 的要比 1.25 in 的贵。对初学者来说，1.25 in 的目镜完全够用了。

望远镜中，图像的对焦是通过一个可以改变目镜与物镜间距的装置实现的。在双筒望远镜中它就是两个镜筒之间的调焦轮；在天文望远镜中这个装置叫调焦座。

望远镜口径与倍率的关系

望远镜口径（mm）	标准倍率	最大有效倍率
60	60×	120×
100	100×	200×
150	150×	300×
200	200×	400×

1 相对口径代表望远镜观测暗弱天体的能力。

2 in 的目镜（左一和左二）与 1.25 in 的目镜（右一和右二）

相对口径

相对口径[1]是我们谈及天文观测仪器时的又一个重要概念。它是望远镜的口径与焦距的比值。一架有效口径为 120 mm、焦距为 1440 mm 的望远镜，它的相对口径即为 120/1440=1/12，通常也被记作“1：12”或“f/12”，有时还会被错误地写成“f12”，甚至是“f=12”。折射望远镜的相对口径一般在 1：15 至 1：7 之间，反射望远镜的相对口径则在 1：10 至 1：4 之间。两架天文望远镜，其中一架相对口径为 1：5，另一架相对口径为 1：10，前者的集光力比后者的强，但这只是针对天文摄影来说的。相对口径的倒数即为相机镜头的光圈系数（例如，相机镜头相对口径为 1：5.6，相当于它的光圈系数为 f5.6）。若要使上面提到的这两架天文望远镜具有同样的倍率，比如 100 倍，那么我们就要采用不同的目镜。当这两架天文望远镜的类型、口径和倍率均相同时，目视情况下它们的成像亮度是相同的，即它们的集光力是一样的。

望远镜的原理与实际使用

双筒望远镜

一副规格适当的双筒望远镜是非常好用且易于保养的入门级天文观测仪器，我们可以通过它好好地畅游星空。它能将视直径较大的天体，如月球、较大的星系、星团及其周边天区完整地呈现在视场中，看到的天区范围达到若干度。

双筒望远镜其实就是组合在一起的两个单筒的折射望远镜，物镜在前，目镜在后。它因镜筒内部设置的一套棱镜系统而比较短，这套棱镜系统能使光路发生多次折转。双筒望远镜的一大优点是成像为正像（上下、左右均不颠倒），这本来是为进行地面观测而设计的。此外，双筒望远镜的优点还包括集光力强和视场大。如果一副双筒望远镜上刻有“8×50”的字样，即说明这副双筒望远镜的物镜直径为50 mm，具有8倍的放大倍率，并且是一副标准的小型双筒望远镜。而如果刻有“14×100”的字样，则说明这是一副倍率为14、物镜直径为100 mm的大型双筒望远镜。双筒望远镜的价格视质量和规格而定，便宜的你用零花钱就能买到，贵的可能得花数千欧元才能买到。

我们第一次拿起双筒望远镜并将它对准天空时，就会发现：尽管它只是一副小型低倍望远镜，但我们想要平稳地握持也不是那么容易。我们的双手会发抖，以至于难以看清天空，这样我们很容易就会丧失对天文观测的兴趣。此外，在观测天顶附近的天体时，我们必须将头用力后仰。其实，这时我们可以选择躺在躺椅上或者将双筒望远镜固定在三脚架上进行观测。这样一来观测过程中我们会舒服得多，想要坚持完成长时间的观测也就不成问题了。

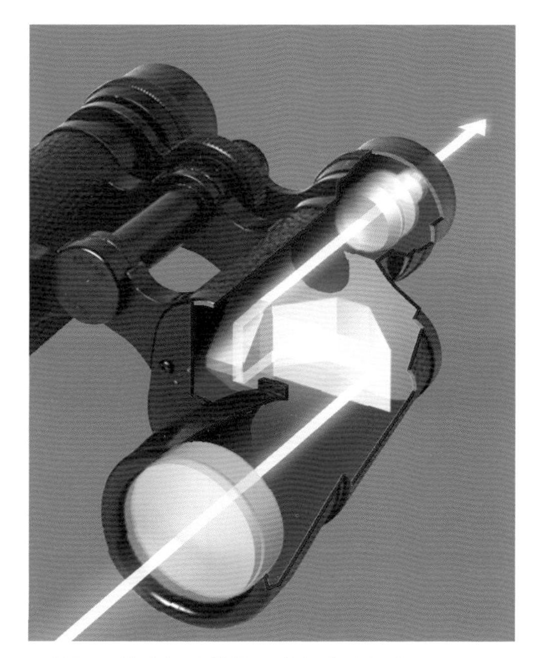

双筒望远镜内部的棱镜系统制造的光路

在进行天文观测时，我们如果想要防止双筒望远镜里的影像抖动，可以采用以下两个方案。乐于在设备上多投入资金的星友们可以购买先进的、相对昂贵且质量上乘的、带有防抖稳像仪的双筒望远镜。稳像仪是可装在望远镜上的一种电子或机械装置，它能抵消望远镜抖动而对影像产生的影响，使影像在目镜中保持稳定，从而给人带来一种完美的视觉享受！

第二个方案在本质上和第一个没有差别，即将双筒望远镜直接安装在一个稳定的三脚架上。市场上有一种物美价廉的夹子，我们可以用它将双筒望远镜与三脚架牢牢地连在一起。双筒望远镜与三脚架组合好后，一座迷你天文台就“建成”了！此外，望远镜专卖店里有专

双筒望远镜通常可以通过三脚架连接器固定在相机三脚架上。在天文观测中，影像的稳定至关重要

门的双筒望远镜连接器出售，这种连接器是专为大型双筒望远镜设计的。要想更省事的话，我们直接去专卖店购买连接器即可。

折射望远镜

折射望远镜是一种经典的天文望远镜。它有一个细细长长的镜筒，人站在镜筒后端进行观测，物镜则装在镜筒前端的进光口处。为矫正色差，即使是最简易的折射望远镜，物镜也至少由 2 块玻璃透镜组成，这种物镜叫作“消色差物镜”。若想使影像的色彩更加真实、清晰度进一步提高，还可以使用由 3 块甚至是 4 块透镜组成的物镜，即“复消色差物镜”，这种物镜制造工艺烦琐、价格昂贵但性能优异。

折射望远镜的物镜有两个重要参数：口径和焦距。我们在用折射望远镜观测时，透镜组将目标天体的影像投射在距离物镜 1 倍焦距的地方，也就是焦点处。这个与实际成 180° 颠倒的影像（上下、左右均颠倒）悬浮在空气中，我们可以将它呈现在一张白纸上或者一个影像记录装置里（参见第 80 页“太阳的观测”和第 156 页“天文摄影”相关内容）。通常来说，悬浮在空气中的这个实像先被目镜放大，再进入人眼。目镜同样是一组透镜，各种目镜的用途和品质不同，所用的透镜的数量也不同，在 2~15 块不等。

折射望远镜相对较长，其具体长度取决于它的焦距。物镜前方罩着一个遮光罩，它能够

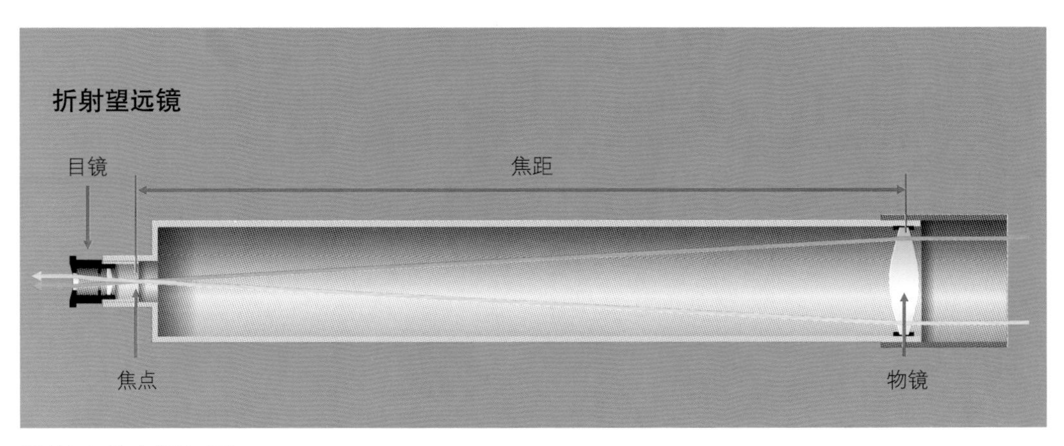

折射望远镜内部的光路

减少有害光进入镜头。

折射望远镜的价格相对较高，并且具体价格与口径相关。这是因为，要想看到的影像没有瑕疵，物镜的 4 块（至少 4 块）玻璃透镜的表面必须进行高精度抛光。折射望远镜的优点在于操作简单，因为我们在使用时无须对它进行调校。这一点特别值得称道。它的镜头在出厂时已经一次性校准了，我们如果不对设备进行拆卸，就无须做任何调整。因此，一架折射望远镜（即使是小型的）即使用了好多年仍能继续工作，且仍拥有出色的成像质量。

小型折射望远镜是进行天文观测的典型入门仪器，由于它是批量生产的，价格不是特别贵。相对口径在 1：15~1：10 之间的长焦折射望远镜特别适合用来观测明亮的天体，比如月球、行星或双星。集光力较强（相对口径在 1：8~1：6 之间）、焦距较短的折射望远镜则适合用来观测延展型天体，如星云或星团。

反射望远镜

反射望远镜与折射望远镜的构造完全不同，它成像的物镜不是在设备的进光口处，而是在镜筒后端，并且物镜是一块凹面的抛物面反射镜。与折射望远镜不同的是，制作反射望远镜的物镜时只需要加工 1 块镜片。因此，它价格相对便宜，当然具体价格也与口径相关。这块凹面镜（反射望远镜的物镜）也有两个重要参数：口径和焦距。它也是将目标天体的影像投射在焦点处。反射望远镜在结构上有一个根本的问题，就是它的成像位于镜面之前，我们只有置身于光路之中才能进行观测，但这样的话我们会遮挡入射光线，反射望远镜根本就无法工作。为解决这个问题，人们设计出了各种类型的反射望远镜，它们之间的差别在于光路导向的不同。

牛顿反射望远镜

大多数业余天文学爱好者使用的反射望远镜是牛顿反射望远镜，星友们常简称其为“牛反”。它的主反射镜与焦点之间有一块小平面镜——我们通常称其为副反射镜或者第二反射镜，它可使光线偏折并从侧面射出镜筒。镜筒的光线出射部位有目镜接口，能连接目镜，经过目镜的影像会被放大然后进入人眼。副反射镜通过 3~4 个薄金属网支架固定在镜筒内。虽然大量光线穿过金属网支架时不会造成损失，但是会发生衍射，从而降低望远镜的分辨率。这些金属网支架会导致牛顿望远镜在成像时具有一个典型特征：从明亮的光点向四周发射出若干条明显的衍射光芒，虽然很美，但这不是我们希望看到的。

反射望远镜的优点之一在于，我们通过它看到的影像完全没有色差，而通过折射望远镜看到的影像总会存在一定程度的色差，色差的具体情况取决于望远镜的制造工艺。为了尽量消除色差，人们不得不尽量减小折射望远镜的相对口径。牛顿反射望远镜则可以拥有 1：6~1：4 的相对口径，也就是说它特别适合用来观测那些暗弱的延展型天体，如星云或星系，因为它的成像相当亮。当然我们也可以用牛顿反射望远镜来观测月球或行星。

反射望远镜的缺点在于它经常需要校准，尤其是在观测前后被频繁搬运的情况下。它的主反射镜虽然基本上不会脱落，但一般来说主反射镜都只是通过其背面的定位结构来安装和

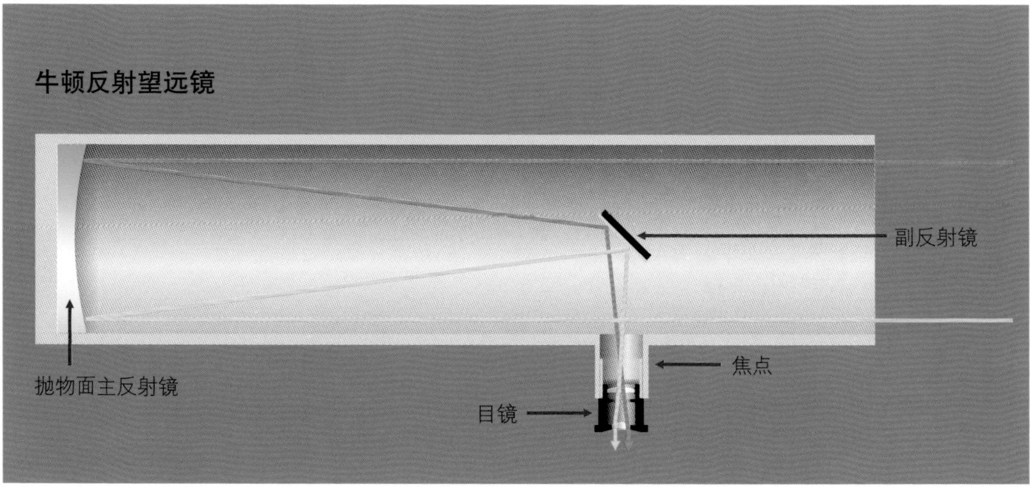

牛顿反射望远镜

副反射镜
焦点
抛物面主反射镜
目镜

牛顿反射望远镜内部的光路

调校的。如果我们拿放镜筒时动作不够轻柔，就可能使主反射镜发生轻微的位移，这足以造成较大的成像误差：恒星的影像不再呈光点状，月球和行星的表面也不再清晰。另外，主反射镜的对称轴必须精确地穿过副反射镜的中心。同样地，副反射镜也必须精确地显示在主反射镜的中心。牛顿反射望远镜的入射光线必须准确地从目镜中射出镜筒。需要对牛顿反射望远镜进行校准时，可以去相关器材专卖店购买校准目镜和激光准直器，用它们校准牛顿反射望远镜非常简单、方便。

施密特－卡塞格林望远镜

最受星友喜爱的反射望远镜非施密特－卡塞格林望远镜（简称 SCT）莫属。它兼取折射望远镜与反射望远镜二者之长，结构紧凑，是一种全能型望远镜（或叫折反射望远镜）。

施密特－卡塞格林望远镜也拥有 1 块主反射镜和 1 块副反射镜。然而主反射镜的中心有一个孔洞，从副反射镜反射回来的光线会从孔洞中穿过。在这种望远镜中，副反射镜并不像牛顿反射望远镜的那样是平面的，而是向外凸起的（凸面镜），它将主反射镜的焦距延长了 2~3 倍。换句话说，这种望远镜的焦距比它的外廓长得多。一架比较常用的施密特－卡塞格林望远镜，口径为 20 cm，焦距为 2 m，可它的外廓只有大约 50 cm 长！另外，它的目镜与折射望远镜一样位于镜筒的后端，这对初学者来说，用起来会舒服得多。

以上我们介绍的其实都是卡塞格林望远镜共同的特点。而施密特－卡塞格林式望远镜是在卡塞格林望远镜的基础上，在镜筒前端安装了一块“施密特修正板”，它是一面平一面凹的非球面薄透镜，能够提高望远镜的成像质量。副反射镜一般直接被镶嵌在这块修正板中，从而消除了牛顿反射望远镜所具有的衍射效应。此外，施密特－卡塞格林望远镜的镜筒是封闭的，镜筒内部不易受到空气湍动的影响。因此，我们无须像调校牛顿反射望远镜那样经常调校它，一般来说只要调校副反射镜即可。

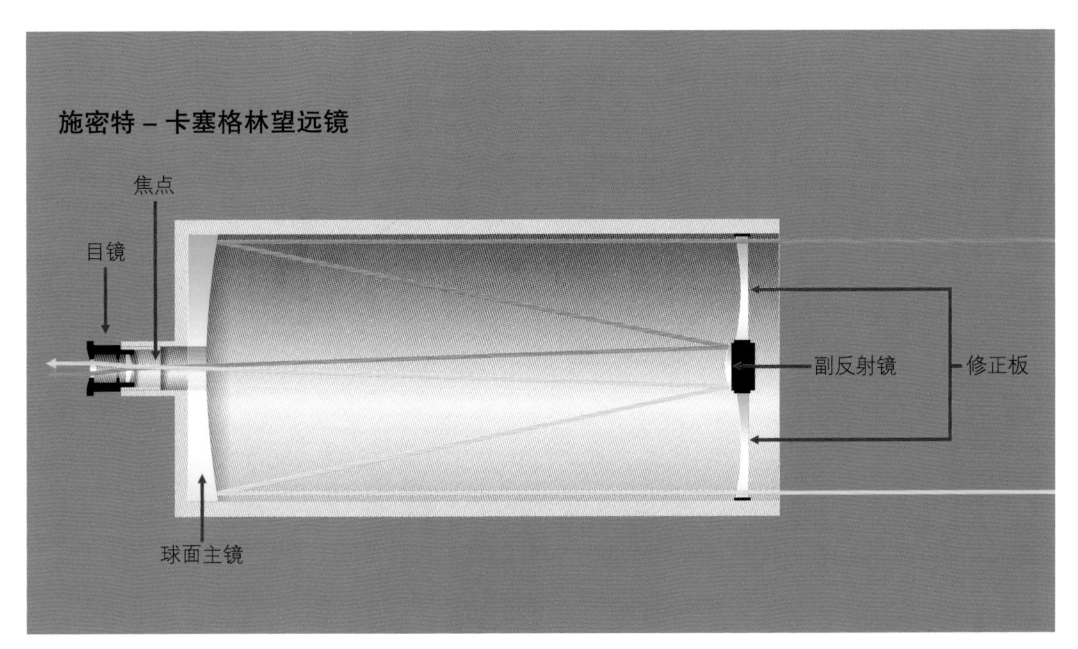

施密特－卡塞格林望远镜（折反射望远镜）内部的光路

如何正确选择望远镜?

一般来说，天文望远镜的口径越大，价格就越贵。口径相同的情况下，反射望远镜比折射望远镜便宜。性价比最高的还属牛顿反射望远镜。我们花几百欧元就可以买到一架小型折

从左到右是 4 种典型的天文望远镜：折射望远镜、牛顿反射望远镜、施密特－卡塞格林望远镜（带有修正板的折反射望远镜）、多布森式牛顿反射望远镜

射望远镜，而一架 200 mm 口径的施密特－卡塞格林望远镜规格高、品质好的话，价格可高达 2000 欧元。牛顿反射望远镜的价格则在这两者之间。你如果觉得较大型天文望远镜太贵了，可以去天文展会或二手市场转一转，在这些地方你可以买到半价甚至是更便宜的、品质很好的望远镜。

其实我们并不建议初学者购买的第一架望远镜就是“高大全”的顶级仪器。使用这样一架望远镜需要观测者注意力高度集中，而初学者在观测天体时通常很难做到这一点。在初入门时选择一架品质好的小型望远镜，等积累了一些实际观测经验以后，再更换或者添置较大型的望远镜是更明智的做法。目前比较流行的 80 mm 口径的折射望远镜是天文观测的入门仪器。一些商家也常常提供一些更小的望远镜，它们的光学系统可能并不太糟糕，但是它们的支架和附件的质量就比较差了。想了解更多有关望远镜的知识，最好去望远镜专卖店咨询。

有用的附件

我们能从专卖店里购买到许多对天文观测非常有用的附件，有的附件专门适用于小型设备。比如十字丝寻星镜[1]或者泰拉德（Telrad）寻星镜在我们搜寻天体时就极有帮助。在“寻星技巧”（第 69 页）中我们将对它们做详细介绍。一般来说，望远镜内部所使用的光学构件的质量越好，望远镜成像的效果就越好。反之，如果望远镜内部的光学构件质量较差，成像质量就会受到严重影响。如果你在望远镜上使用的是 2 in 的目镜，附件自然也要与之相配，那么设备成本自然而然会随之提高。

天顶镜

我们用折射望远镜和施密特－卡塞格林望远镜进行天文观测时，人眼看到的都是上下、左右颠倒的影像。此外，我们如果用它们来观测天顶附近的天体，势必要摆出让自己很不舒服的姿势。实际观测中我们可以在目镜前安装一块天顶镜，它能将望远镜中的光线偏转 90°。使用天顶镜的第一个好处在于，我们看到的影像虽然还是左右颠倒的，但是上下不颠倒。而当我们站在望远镜镜筒后端用目镜观测天顶时，会立刻发现天顶镜的第二个好处：我们可以从镜筒上方入视，而不必昂着脖子蹲在目镜下方仰头看天。天顶镜的价格一般与经济型目镜相仿，一块（简易的）天顶镜通常来说是天文望远镜的基本附件。

为了不让脖子仰得发酸，我们常使用天顶镜

1 十字丝寻星镜又叫光学寻星镜，其实就是一架小型低倍折射望远镜。

巴罗透镜

要想使望远镜拥有更多可选择的倍率，可以采用巴罗透镜。巴罗透镜像天顶镜一样被安装在目镜前，通过延长望远镜的焦距来增大望远镜的倍率，通常能将望远镜的倍率增大为原来的 2 倍。有的巴罗透镜能将望远镜的倍率增大为原来的 4 倍。但请谨记，一定要使用高品质的巴罗透镜。

望远镜的架设

在使用入门级的小型天文望远镜时，我们常常会忽视一个重要问题，那就是要想望远镜好用，必须有一个好支架！我们将望远镜主体与立于地面的脚架或支柱之间的可以绕两根轴转动的部件称为“望远镜机架”。

经纬仪

如果你想通过望远镜进行目视观测，也就是通过目镜用眼睛看天体，那么一个结构简单、结实且不摇晃的望远镜机架就足以满足你的要求了。有这样一种机架，在望远镜被固定好后，不仅能让其在水平方向上移动，也就是对方位角进行（左右）调整；还能让其在竖直方向上移动，也就是对高度角进行（上下）调整。它就是经纬仪（又叫地平式机架或经纬台），工作原理在本质上与摄影用的三脚架的原理相同。

从前人们认为经纬仪只适合用在入门级的小型天文望远镜上。然而现在人们广泛采用一种架构方式，使经纬仪能够应用在大型反射望远镜上，也就是所谓的“多布森装置”。它构造简单，价格相对低廉，常与大口径的牛顿反射望远镜组合使用，构成一种“多布森式牛顿反射望远镜”。

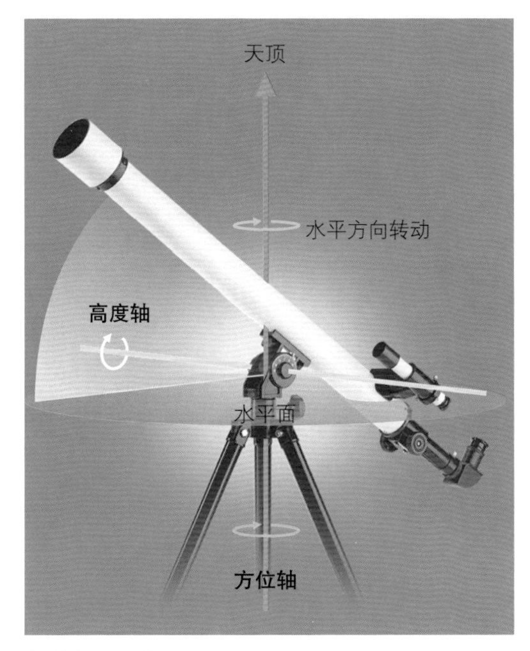

经纬仪的工作原理

可是经纬仪有一个缺点：绝大部分天体划过天空的轨迹是弧形的，天文望远镜常常需要跟踪天体，这就意味着我们必须不停地调节经纬仪的两根轴（上下调节或左右调节）。

为此我们必须将眼睛贴在目镜上，用手将镜筒上下或左右地一级级精准地调节，以确保天体始终在目镜视场中。有的经纬仪我们可以通过机械驱动装置进行调节，使用起来也就方便多了。但我们只建议那些已经拥有一些实际观测经验的天文观测者购置可用计算机（既有内置式的，也可使用现有的个人计算机）控制经纬仪的天文望远镜。

经纬仪的价格取决于它的稳定性和技术配置。如果你是手工达人，可以自己动手制作一台稳固的经纬仪。

赤道仪

一架没有稳定机架的天文望远镜，就好比一辆没有轮子的汽车。阅读本节内容你将了解正确安装并使用赤道仪（赤道式机架）的方法，从而在夜间观测时成功找到目标天体。

通过阅读“天旋还是地转？”（第 7 页）中的内容我们已经知道，因为地球每天在自西向东自转，所以几乎所有天体每天都在从东方升起、从西方落下，就好像整个天空每天都在自东向西转动。地球赤道面向宇宙无限外延，与假想中包围着我们的天球相交的大圆就是所谓的“天赤道”。而地轴向上无限延伸，与天球的交点是北天极，北极星就在北天极附近。地轴向下无限延伸，与天球的交点则是南天极。我们从地球上任何地方看，天赤道都正好从天球上的东点起、西点止，将天球划分为南北两半，这是建立“赤道坐标系”的基础。

入门级天文望远镜：配有电动跟踪赤道仪的小型折射望远镜

赤道仪的工作原理

简易天文望远镜往往只搭配经纬仪使用。在观测天体时，我们必须不断地调节它的两根轴来抵消地球自转的影响。另一种形式的望远镜机架——赤道仪（赤道式机架）则要巧妙和实用得多：它一根轴与地轴平行，并且靠这根轴的旋转来抵消地球自转的影响，这正是利用了上文提到的“赤道坐标系”的概念。赤道仪中这根精确指向天极的轴叫极轴（又叫赤经轴），另一根与之垂直的轴叫赤纬轴。望远镜以极轴为轴心的转动与天体视运动完全一致，转动一圈需 23 小时 56 分钟，差不多就是 1 个恒星日。望远镜只需要绕着这样一根轴转动，就可以跟踪任何天体。

我们在观测某一目标天体时，赤纬轴是固定不动的，我们只需在初次瞄准时将它调节好。

为使望远镜能够以微小幅度转动，人们在赤道仪的两根轴上都配备了机械驱动装置（大多为蜗轮蜗杆传动装置）。我们还可以手动调节赤道仪，转动小的调节旋钮或者柔性微动杆即可。

如今，即使是小型赤道仪，极轴上也常配有马达，甚至连赤纬轴上也可能配有，这极大地方便了我们，尤其是我们在使用赤道仪进行天文摄影时。配有马达的极轴能够自动跟踪目标天体，因此，我们可以将注意力完全集中在观测本身。赤道仪的两根轴上都安装马达也为日后安装“自动导星装置”提供了可能。高端的业余天文望远镜还可以通过计算机辅助系统自动瞄准目标天体。但我们不太推荐初学者使用这类设备。

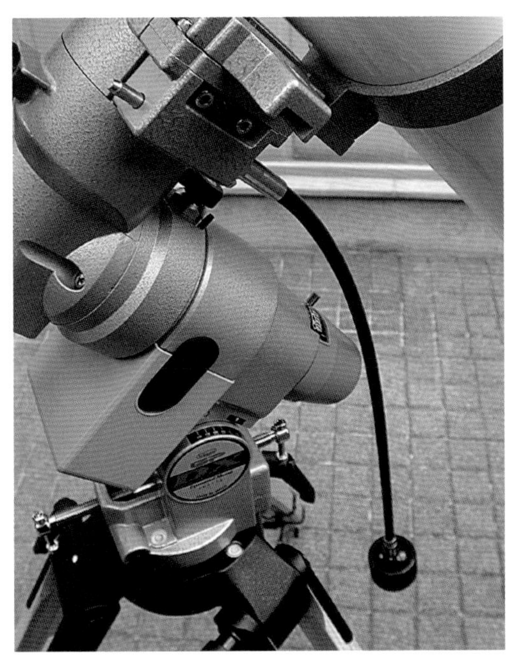

借助柔性微动杆，我们可以精确且平稳地转动天文望远镜

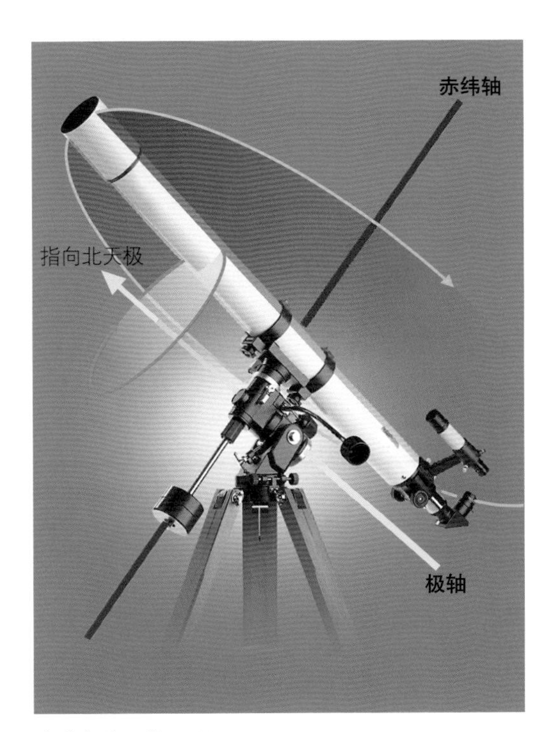

赤道仪的工作原理

赤道仪的校准

我们只有在观测前对赤道仪进行良好的安装调试，赤道仪才能很好地发挥其功能。这就意味着，赤道仪的极轴必须精准地指向北天极，好在北极星就在那附近，我们可以借助北极星寻找北天极。关于赤道仪的校准，很多初学者可能会感到困惑：他们按部就班地组装好了赤道仪和望远镜，观测过程中却频出问题：不是找不到目标天体，就是刚刚瞄准的天体又从视场中“溜走”了。其实赤道仪的校准工作是可以快速完成的，当然这要视其结构特征和我们对其精准度的要求（目视观测要求较低，天文摄影要求则较高）而定：对那些简易赤道仪来说，先将极轴指向北方，然后上下调整极轴，使指针对准观测地点所在的地理纬度，这样极轴就基本

对准了北天极，也就是北极星的方向，校准工作就完成了。若要对赤道仪进行更精确的校准，就要使用下面给出的两种方法：使用极轴镜或者使用更精确但也更费时的“漂移法”。

极轴镜

借助极轴镜这个辅助设备，我们花数分钟就能将赤道仪校准——能精准到可以用它进行天文摄影。极轴镜其实是一个小寻星镜，被安装在赤道仪的极轴上。我们输入日期和时间，它就能给出当下北极星的位置和它与北天极准确位点的关系。为使赤道仪的极轴精确地对准北天极，我们需要一边观察极轴镜一边调整极轴的高度角和方位角，直到极轴镜中北极星正好位于视场中的一个小圆圈内。这样，我们只花了数分钟就调好了赤道仪，并且精准度很高。如果你购买的赤道仪配有极轴镜，那么可以说物有所值了，因为极轴镜极大地简化了赤道仪的校准工作。

极轴镜能简化赤道仪的校准工作，并且校准的精准度很高

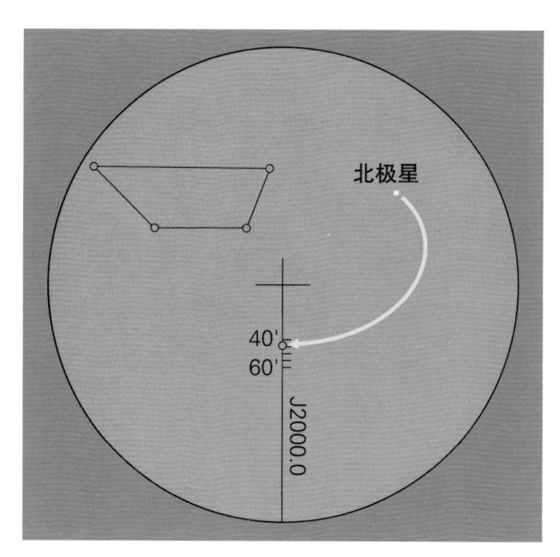

只有北极星准确地位于极轴镜目镜视场中的小圆圈内，赤道仪的校准工作才算完成

漂移法

天文望远镜上没有极轴镜，或者使用的是固定在地面的天文望远镜时，我们可以用漂移法来校准赤道仪。这种方法虽然比使用极轴镜烦琐，但精准度更高（如果足够耐心）。这种方法需要配合十字丝目镜使用，极轴上如果安装有跟踪马达就更好了。详细的操作步骤参见第69页的补充文献——漂移法精调赤道仪。

望远镜支架的选购建议

对小型双筒望远镜来说，一个稳定程度中等且经济实惠的相机三脚架就足够了；但天文望远镜却需要配备高品质的机架和三脚架，它们的价格相对高得多。这里有一条简单的选购法则：机架与三脚架的组合应该至少与望远镜本身处于同一价格水平，甚至要更贵。这是因为，天文望远镜如果因摇晃得过于剧烈（在有风的

漂移法精调赤道仪

- **第一步：**将赤道仪大致向北摆好。如果是在白天，可以使用指南针，不过最好是在晨昏蒙影阶段根据北极星进行粗略定位。

- **第二步：**将主望远镜目镜的十字丝中心对准天空中任意一颗亮星。然后微调极轴和赤纬轴并转动目镜，使得目镜中的光点始终沿着十字丝的两条十字臂移动，这样两条十字臂就分别与赤道仪的两根轴平行了。要记住目镜中的光点沿着哪条十字臂移动是在调节赤经，沿着哪条移动是在调节赤纬。

- **第三步：**调整赤道仪的方位角。我们要将望远镜目镜的十字丝中心对准一颗天赤道与子午线交点附近的恒星。将赤道仪的两根轴拧紧，打开跟踪马达。我们要关注的是目镜中的光点赤纬的变化情况，所以跟踪马达不是必需的。重要的是要确定目镜中哪个方向是北，哪个方向是南（望远镜和天顶镜的类型不同，这两个方向在目镜的上方还是下方也就不同）。
  如果目镜中的光点向南（或向北）偏移了，极轴的北端就必须向西（或向东）略做调整。然后用主望远镜的十字丝中心对准这颗恒星，重复第三步，直到至少 30 分钟内，这颗恒星的赤纬不再变动。

- **第四步：**调整高度角，也就是极轴的仰角。这时需要瞄准的是东北方向的某颗恒星，观察它赤纬的变化情况。如果这颗恒星向南（或向北）偏移，说明极轴的仰角需要加大（或减小）。这个过程也要重复多次，直到至少 30 分钟内，这颗恒星的赤纬不再变动。

- **第五步：**（在多个夜晚）交替重复第三步和第四步，直到赤道仪达到我们所需的精准度。

情况下这很容易发生）而使我们无法成功地进行天文观测，那么即使它性能再优良也无用武之地！

在决定购买一架配有机架和三脚架的天文望远镜之前，你可以做一个“晃动试验”：轻敲已经架设好的天文望远镜镜筒上端，然后透过目镜观察远方的景象，看看天文望远镜会晃动多久。如果晃动明显，那么只有在晃动很快就能停止的情况下我们才建议你购买。

寻星技巧

准备工作

选择一个肉眼可见的天体，我们用它来练习如何将天文望远镜瞄准目标天体。

先松开机架两根轴上的锁紧螺丝，转动望远镜使其大致对准目标天体的方向。然后用寻星镜搜索到这个目标天体（比如月球或者某颗较亮的行星），这时目标天体就出现在了主望远镜的目镜视场中。使用经纬仪的话，这一步操作起来将非常简单，我们只需在水平和竖直两个方向上移动镜筒。使用赤道仪的话就没这么简单了，因为它的极轴是倾斜的。在准确锁定目标天体前，我们必须先将望远镜“置于正确的一侧”。如果目标天体在东方天空，我们就要将望远镜置于极轴西侧，反之亦然。

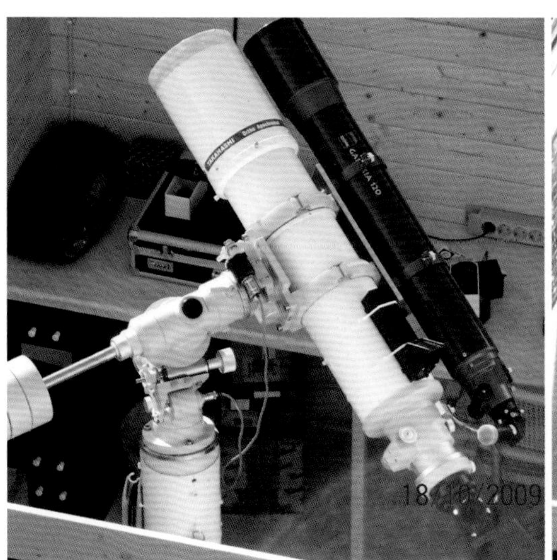

一台德式赤道仪，我们使用时既可以将望远镜置于它极轴的西侧（左图），也可以将望远镜置于极轴的东侧（右图）

精准锁定

我们如果已经将望远镜大致对准了目标天体，就可以通过寻星镜继续追踪，一点点地挪动望远镜镜筒，直到瞄准目标天体：先在水平方向上（调整方位角或赤经）进行调整，然后将极轴拧紧固定住。再在竖直方向上（调整高度角或赤纬）进行调整，然后将赤纬轴拧紧固定住。如果我们的主望远镜使用的是最小倍率的目镜，现在目标天体应该已经位于主望远镜的视场中了。

十字丝寻星镜通常被安装在主望远镜镜筒的外侧，非常有用，是望远镜的标准配置。我们需要对十字丝寻星镜进行校准（用小调节螺钉校准），使之与主望远镜方向一致。这项工作我们在白天或者晨昏蒙影阶段很轻松就能完成。我们可以先用主望远镜对准远处的一个地面目标（房屋、塔楼或树木），然后调节寻星镜，使这个目标同样精确地位于寻星镜视场中十字丝

没有十字丝寻星镜或者泰拉德寻星镜的帮助，仅凭天文望远镜很难在天空中寻获目标天体

的中心。这样到了晚上我们就可以用寻星镜来瞄准目标天体（哪怕它很暗弱），并且立刻能在主望远镜中找到它。

还有一种非常有用的寻星辅助装置——泰拉德寻星镜，我们在专卖店里可以买到它。它是一个指向天空的红点瞄准镜，像十字丝寻星镜那样被安装在主望远镜的镜筒上，能在天空背景前方投影出一组红色的同心环。泰拉德寻星镜兼具单倍瞄准镜的大视野和低倍十字丝寻星镜的精准性，非常值得我们一试。

定位刻度盘的使用

只要赤道仪具有相应的坐标输入装置，也就是所谓的定位刻度盘，我们就可以通过目标天体的赤道坐标——赤经和赤纬来锁定它。

赤道仪上的赤纬定位刻度盘被平均分为了4个0°~90°的区间，也就是2个-90°~+90°的区间，与天球的赤纬相对应。赤经定位刻度盘则被划分成了0~24小时。定位刻度盘的刻度划分得越精细，天体坐标就能调得越精确。但是大多数定位刻度盘都没那么精细，只能精确到约1°。所以我们在寻找目标天体时，所使用的目镜的视场直径应该在1°以上。用定位刻度盘锁定目标天体的方法详见下方参考文献。

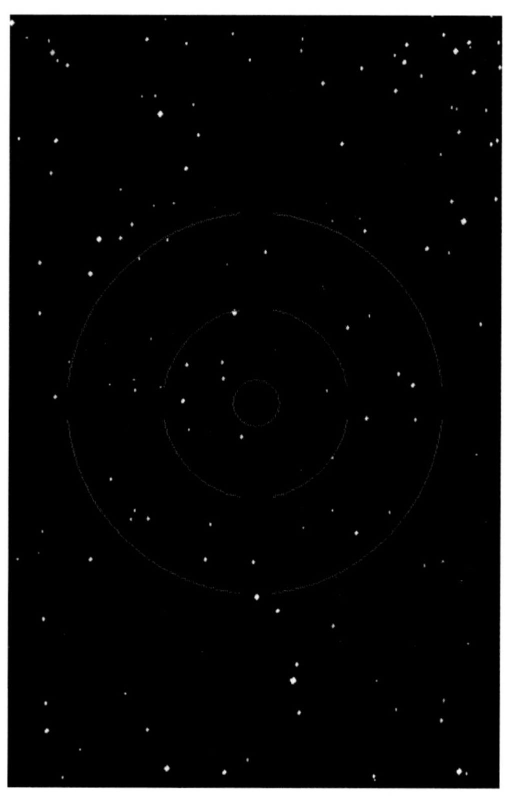

泰拉德寻星镜视场中有3个红色的同心环，并且它没有放大功能

用定位刻度盘锁定目标天体

- **第一步：** 在星图、星表、天文年历或天文软件中查询目标天体的坐标。此外，还要了解目标天体当前是否位于地平线之上。
- **第二步：** 选择目标天体附近的一颗已知且较明显的恒星，记下它的坐标。用高倍目镜对准这颗恒星，并手动调节赤经定位刻度盘和赤纬定位刻度盘上的数值，调成这颗恒星的赤经和赤纬坐标值。
- **第三步：** 换用低倍目镜以获得更大的视场。
- **第四步：** 转动望远镜使定位刻度盘上的指针对准目标天体的坐标值（不要手动调节定位刻度盘），在视场中搜寻目标天体。如果要找的目标天体较暗弱，那么我们可以利用星图来寻找，根据背景星空的特征找到目标天体。

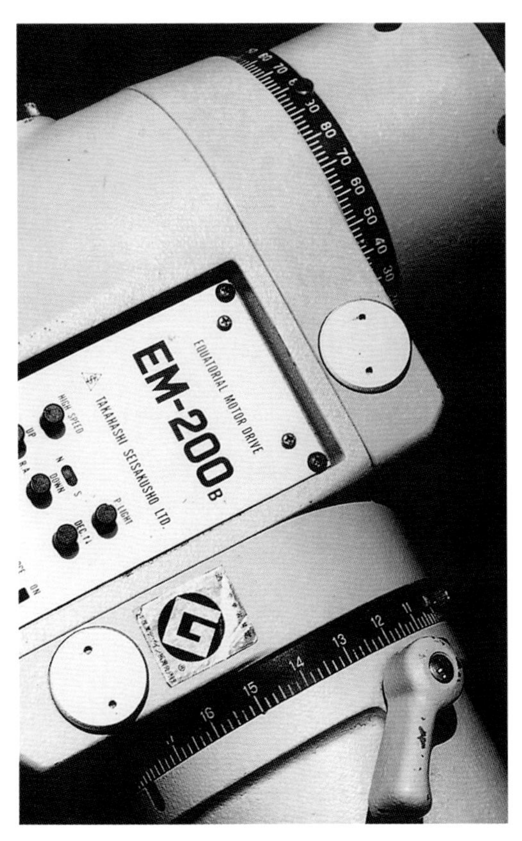

精良的赤道仪都配有精确的定位刻度盘，通过它我们可以更好地锁定目标天体

计算机的辅助

我们既可以使用内置的计算机系统控制望远镜，也可以将望远镜接驳到个人计算机上。这样一来，我们只要简单地敲击键盘，就可以让望远镜锁定任意一个天体。就理论而言，这个方法非常完美，但是由于存在机械误差，它有时并不像我们期望的那样稳定可靠。另外，用这种方法观星，我们根本不能从中积累任何经验，没有了计算机的辅助就只能“望天兴叹”——所以对初学者来说，一开始就依赖计算机控制望远镜的做法并不可取。

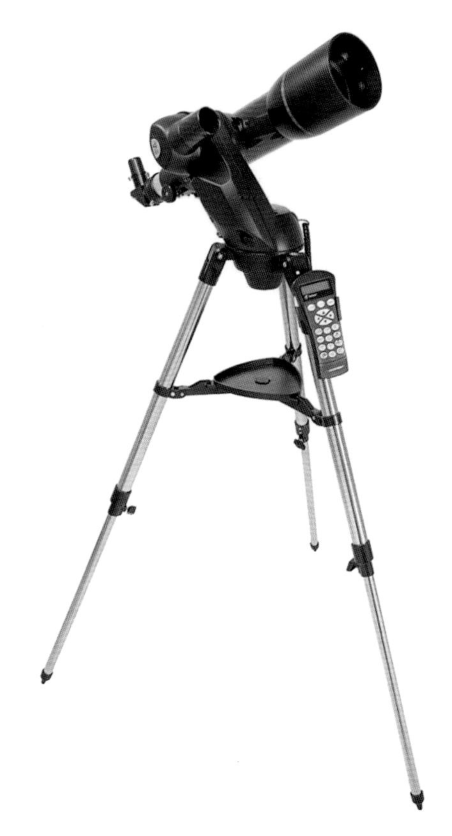

如今连小型天文望远镜都配备内置的“自动寻星系统”，这乍一听好像很好，却会使我们最终对天空一无所知。这种只要结果不要过程的做法不可取

星桥法：星星间的“连连跳”

这里有一个流传甚广的方法可以帮助我们在夜空中寻找暗弱的天体，无须借助昂贵的机械辅助设备，这就是“星桥法”（又叫牵星法）。以一颗亮星作为起点，借助一张星图，通过一颗星找到下一颗星，直到找到目标天体。这个方法听起来麻烦、无趣，但实践起来往往很方便、很有趣，可以让我们记住一路发现的所有天体。

我们可以通过一个例子来解释这一方法：为了在大熊座附近找到旋涡星系 M 101，我们得先在星图上找到北斗七星从勺柄端数起的第二颗星——开阳（大熊 ζ）。星图同样会给出 M 101 的位置——它就在开阳东侧大约 6° 的地方。选择一个低倍目镜，装好后将望远镜对准开阳，然后移动望远镜，依次搜寻下图中标记的恒星 A、B、C、D、E，它们会帮你找到 M 101。

由恒星搭成的、将我们从一个天体指引到下一个天体直至目标天体的桥梁或者路径，我们在星空中总能找到。使用星桥法有三大好处：一是我们一定能成功找到目标天体；二是我们能迅速掌握使用自己的新设备的方法；三是我们在下一次观星时将惊喜地发现，自己毫不费力就能回忆起曾经“走过的寻星之路”，这样一来我们将一步步熟悉头顶的星空。

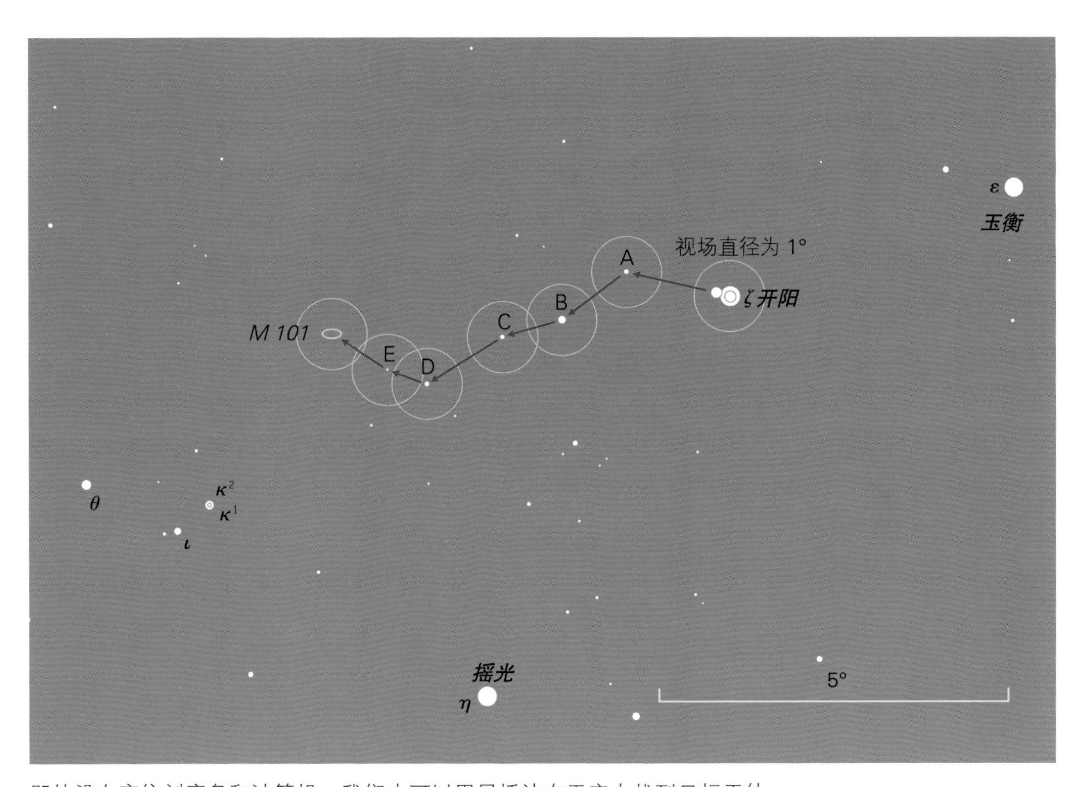

即使没有定位刻度盘和计算机，我们也可以用星桥法在天空中找到目标天体

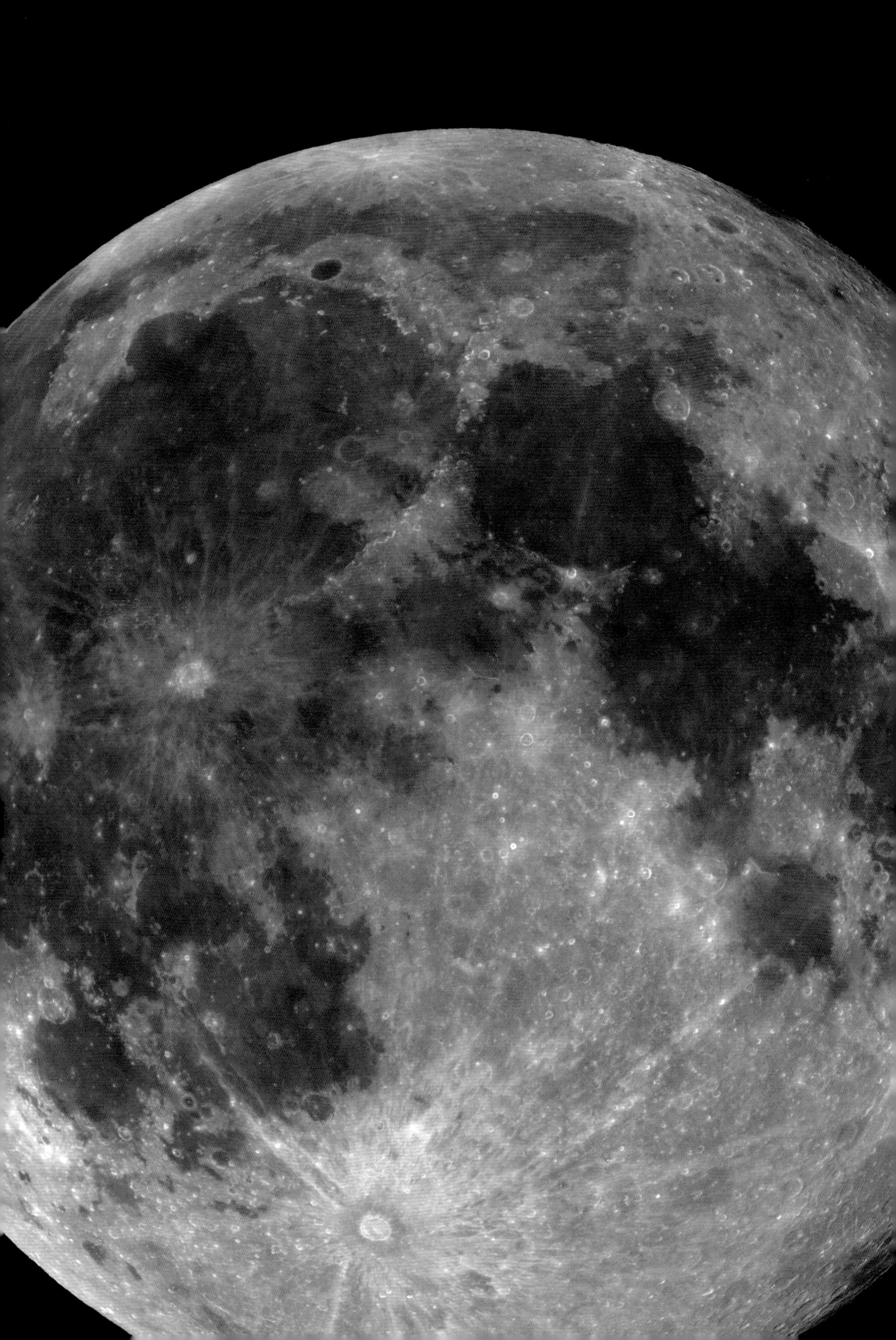

太阳系天体

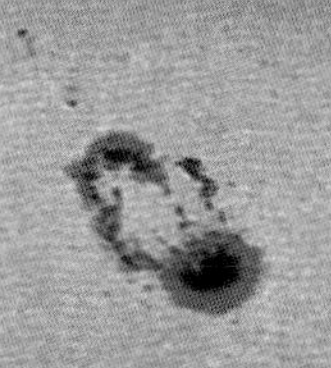

月球——我们的近邻

作为距离地球最近的伙伴，月球在双筒望远镜中呈现出的许多景象已经足够引人入胜；天文望远镜里的月球环形山上的日出，更是令我们心醉神迷……

月球是我们在茫茫宇宙中最近的邻居，与地球的平均距离只有约 3.84×10^5 km。月球直径为 3476 km，它挂在空中时，在我们眼中的视直径大约为 30"。月球围绕地球公转的轨道不是圆形的，而是明显的椭圆形的，所以地月距离在 3.56×10^5~4.07×10^5 km 之间变化。相应地，月球视直径也在34.1"和29.8"之间变化。月球自转的周期与它绕地球公转的周期完全一致，我们称这种现象为“同步自转”。正是这个原因，月球总是以同一面朝向地球，所以地球上的我们永远也看不到月球背面。

月球公转轨道与地球公转轨道之间有一个大约 5° 的夹角

月球表面

因为月球没有大气层，所以它表面的景象，我们从地球上看过去一览无余。仅凭肉眼我们就可以分辨月球表面大约 120 km 范围的典型地形构造。而借助一架天文望远镜，甚至只需一副双筒望远镜，我们就能看清月球表面非常丰富的细节，分辨率可达数千米。因此，月球是一个非常好的观测对象。

我们用肉眼就能看出月球表面明暗不一，这些或明或暗的区域内还镶嵌着一块块亮斑。在渐盈的凸月上，东北方有一个较暗的椭圆形斑块，那就是危海。出于历史原因，月球表面所有的暗区都被称为“（月）海”，因为这些暗

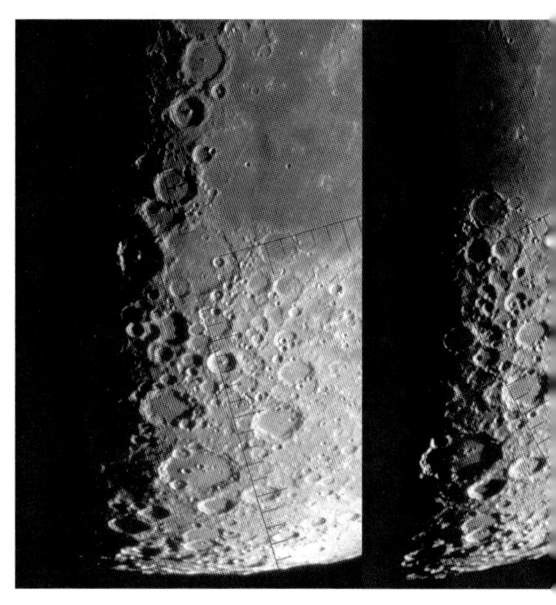

相邻两天月球明暗界线的变化

区让当时的人们联想到了广阔的海洋，并且猜测月球上也有水的存在。事实上，那是由黑暗而坚硬的火山熔岩所构成的广阔平原。月球表面的亮区则是环形山遍布的高地，这些高地因反射太阳光的能力极强而显得非常明亮。

人们可能认为，观测月球最好的时机是满月时。事实上，满月时我们虽然可以看到整个月球正面，但它呈现在天文望远镜中的影像对比度极低，非常单调。而精细的月表地形只有处于光影交界，也就是明暗界线附近时看上去才相对立体且非常漂亮。

太阳在月球天空中的位置越高，月球表面环形山的影子就越短，满月时它们则完全没有影子。而在靠近明暗界线的地方，环形山的影子很长，明暗对比非常强。另外，在靠近明暗界线的地方，很多月表地形我们很容易就能辨认出来：平原上波纹、河流状的沟槽、有或没有中央峰的环形山、高原和低谷、锥形的死火山、大型环形山的结构特征……月表明暗界线会随着月相的变化而左右移动。因此，逐日观察月表明暗界线附近的景象是一件很有趣的事情，因为我们能不断获得新发现。

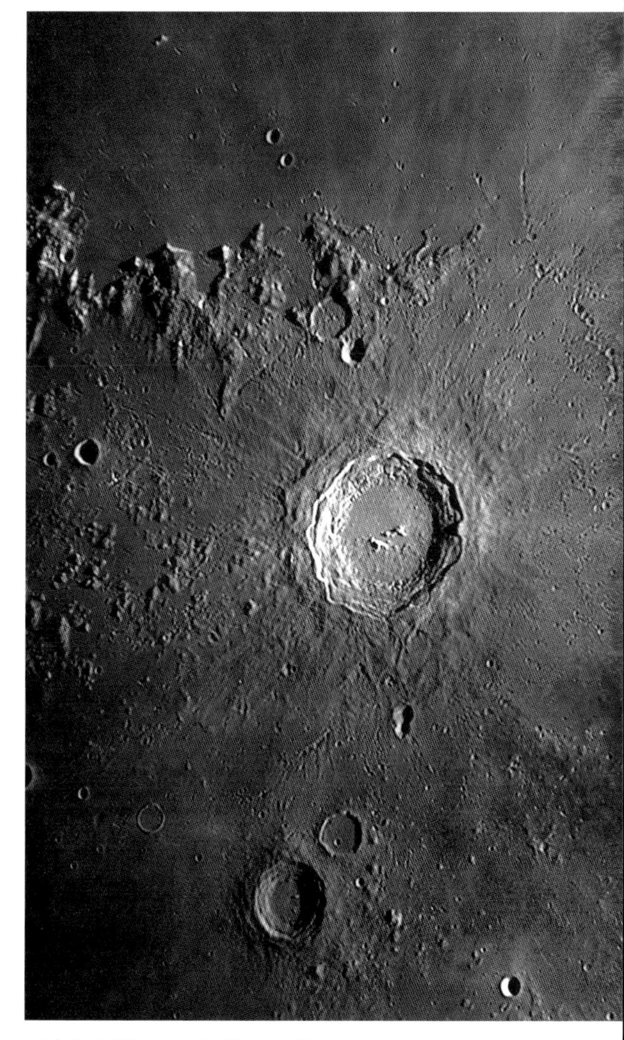

哥白尼环形山是月表的一大胜景

从地球上看，月相在不断变化

双筒望远镜中的月球

用双筒望远镜观测月球可以获得比用肉眼直接观测月球多得多的月表细节。用双筒望远镜每天都能观测到明暗界线附近最新呈现出来的大型月表地形。

在新月前后，双筒望远镜还可以帮助我们在明亮的曙暮光中找到月球。更妙的是看到月球恰好与一颗明亮的恒星或行星相依相伴（天文学上称这种现象为星合月），或者直接遮住了后者（天文学上称这种现象为月掩星）。

双筒望远镜中的月球

白昼时金星合月的现象

天文望远镜中的月球

对小型折射望远镜来说，月球也是一个极好的观测对象。折射望远镜被调成小倍率（至多 20 倍）时所呈现的影像和双筒望远镜中的差不多。

将天文望远镜调至小倍率找到明暗界线附近某处很值得观赏的月表地形后，我们就可以逐步调大天文望远镜的倍率来更好地观赏这片区域。将天文望远镜调至大倍率进行观测时，我们不能忽略的一个重要的影响因素是视宁度。如果视宁度允许，我们可以将天文望远镜的倍率调到它的最大有效放大倍率。更大的倍率只会使图像更暗并且严重失真。我们可以从月球的明暗界线附近开始，用调至不同倍率的天文望远镜在月球上“漫步”。如果有兴趣，我们还可以拿出纸笔，尝试着像第 79 页左上图那样，将有特色的月表地形画下来。

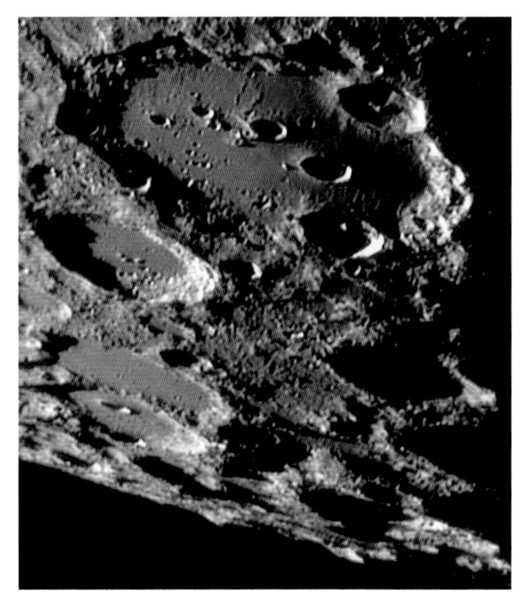

用天文望远镜看到的月球环形山

根据用业余天文望远镜观测的月球影像绘制的月球环形山

月食

一年中大概有那么 2 次，满月会进入地影中——这时就会发生月食，但并不是地球上所有地方的人都能看到月食。这是因为，月食发生时，只有月球处于某地的地平线之上，当地的人才能看到月食。地影由很大一部分的半影和位于半影中很小一部分的本影组成。根据月球进入地影的情况，我们将月食分为了半影月食、月偏食和月全食。半影月食很难被发现，发生时月球只是稍微变暗一些而已。然而当满月完全进入地球本影（发生月全食）时，它的亮度会下降到原来的大约四万分之一。

本影区域并不是完全黑暗的。地球大气层会将太阳光中的红光折射到本影区域，这使得月全食时的满月在天空中闪耀着红铜色的光辉。

月全食时，满月呈红铜色。这张图对比了两次月全食（左为 2004 年的，右为 2007 年的）的景象

太阳的观测

观测太阳时我们需要做好安全防护措施。做好防护后，我们就可以研究太阳黑子的活动，或者使用特殊的滤光片来观测位于太阳大气最外侧的、只有在日全食时才会现身的日冕层了。

我们头顶光芒万丈的太阳也是一个有趣的观测对象，只要我们能运用恰当的观测方法。

绝大多数人都知道，只用一块凸透镜就能将太阳光聚焦到一张白纸上，使其燃烧起来。**因此，我们绝对不能不采取任何防护措施就用肉眼、双筒望远镜或天文望远镜观测太阳！**

我们购买天文望远镜时商家附送的一些目镜端太阳滤光片也是极不安全的——它可能会爆裂，这样一来，成束的太阳光就会进入未加保护的双眼，从而造成无法挽回的伤害。

有三种方法可以让我们安全又舒适地观测太阳：投影法、使用物镜端太阳滤光片或者使用赫歇尔棱镜。

投影法

采用投影法时，我们要将天文望远镜（双筒望远镜亦可）作为投影器。但是并非像以往那样透过望远镜进行观测，而是观测其投射在一块“小屏幕”上的太阳影像。这块“小屏幕”就是投影板，我们可以在器材专卖店购买，也可以自己动手制作。如果就是为了做个试验，还可以用一张白纸来代替投影板。

我们先要将寻星镜的镜头用镜头盖盖住，以免它起到凸透镜的作用。然后为主望远镜装一个长焦目镜，间接观测太阳——不是用眼睛直接透过望远镜去看太阳！所谓的间接观测就是，我们看的是望远镜将太阳投射在投影板上的影像。转动镜筒，太阳的影像变圆的话，就说明镜筒正好对准了太阳。这时会有一束明亮的太阳光落在投影板上，这就是太阳的影像，之后我们可以通过目镜调焦座将其调节到最清晰。要注意的是，目镜后面会非常热！因为目

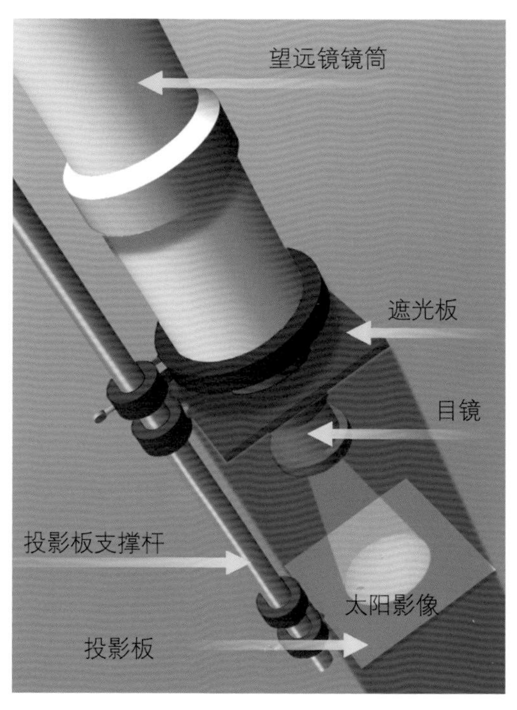

将太阳的影像投影到投影板上，是观测太阳最简单也是最安全的方法

镜会变热，所以我们用投影法观测太阳时只能使用结构简单的非胶合目镜。用投影法观测太阳非常安全，这种方法尤其适合用来在一群人面前展示太阳的影像。

使用物镜端太阳滤光片

前文已经说过，使用目镜端太阳滤光片观测太阳极不安全，我们最好将这种滤光片立刻扔掉!

那么哪种滤光片适合用来观测太阳呢？很简单，使用置于望远镜物镜前端的滤光片观测太阳非常安全。深色的焊接护目镜同样不合适用来观测太阳，因为它虽然能阻挡可见光，但阻挡不了对人眼有害的红外线和紫外线。望远镜专卖店里有适合目视观测的太阳滤光片出售。这种滤光片的关键在于，它们是镜面的，可以反射太阳光，所以既能阻挡太阳光进入望远镜，又不会使滤光片本身过热。太阳滤光片分为两大类：玻璃滤光片和薄膜滤光片。将滤光片置于望远镜物镜前时要确保滤光片大小适合，不会脱落。玻璃滤光片必须是高品质的，跟对物镜的品质要求一样，否则会影响成像效果。

还有一种物美价廉的替代品，就是麦拉膜（Mylar）滤光片。它是一种极薄的、两面均带有金属涂层的聚酯薄膜，以成卷或者镶好边框的形式售卖。我们可以自制一个合适的纸板边框或者木头边框，这样就不用购买相对较贵的带框薄膜滤光片了。

玻璃滤光片和麦拉膜滤光片都有不同的透光率，可供我们选择的样式很多。如果仅仅是为了目视观测，我们一般采用光学密度为 5 的深色滤光片；而如果是要进行天文摄影，我们就要用光学密度为 3 的滤光片，这样能得到一个比目视观测时亮得多的太阳影像。

为了安全地观测太阳，我们可以在望远镜物镜前端安装一块太阳滤光片，可以选择物美价廉的薄膜滤光片（图中左镜筒前端），也可以选择镶有外框的玻璃滤光片

使用赫歇尔棱镜

赫歇尔棱镜像天顶镜一样被安装在目镜前。这个光学系统的工作原理是：利用棱镜折射掉 90% 的入射光，同时吸收 5% 的太阳光，最终只有 5% 的太阳光到达目镜。

但是，这一小部分太阳光对靠近目镜观测太阳的人眼来说还是太过明亮。为了提高观测的安全度和舒适度，我们还必须在目镜上加一个中性灰度滤镜（ND 滤镜）。

赫歇尔棱镜像天顶镜一样被安装在目镜前，通过侧面的一个出口将大部分太阳光从望远镜光路中偏折出去

太阳黑子

现在我们已经知道可以采用投影法或者使用物镜端太阳滤光片和赫歇尔棱镜来观测太阳，那么我们能够在太阳表面发现什么呢？并不像大家先前以为的那样，太阳只是一个白色的圆盘。几百年前人们就已经知道，太阳表面时不时会出现一些黑色的斑点。当太阳不太明亮的时候，其中一些斑点甚至大到肉眼可见的程度。这些斑点，即太阳黑子几乎一直存在，只是有时多点儿，有时少点儿。它们也有大小之分，并且倾向于成群出现。

太阳黑子是动态变化着的，它们存在的时间是有限的，介于数小时和数月之间：大约 90% 的太阳黑子群在出现 10 天后就会消失。我们如果每天都对太阳黑子进行观测，会发现它们的位置明显变了，这是由太阳的自转造成的（太阳赤道带处的自转周期为 25 天）。

我们如果仔细观测一个中等大小的太阳黑子，会发现它的中心有一个颜色极暗的“黑子核”（又叫本影），黑子核的周围包围着明亮一些的“半影”。

太阳表面光球层的平均温度高达 5700 K，而太阳黑子的温度要比它低约 1500 K。因此，太阳黑子在我们眼中呈黑色。

想要掌握太阳黑子群复杂的变化规律，则要对它们做详细的观测和描绘。对天文学爱好者来说，观测太阳黑子群的发展变化特别值得一试。我们可以根据苏黎世黑子分类法对太阳黑子和黑子群进行分类（第 85 页）。

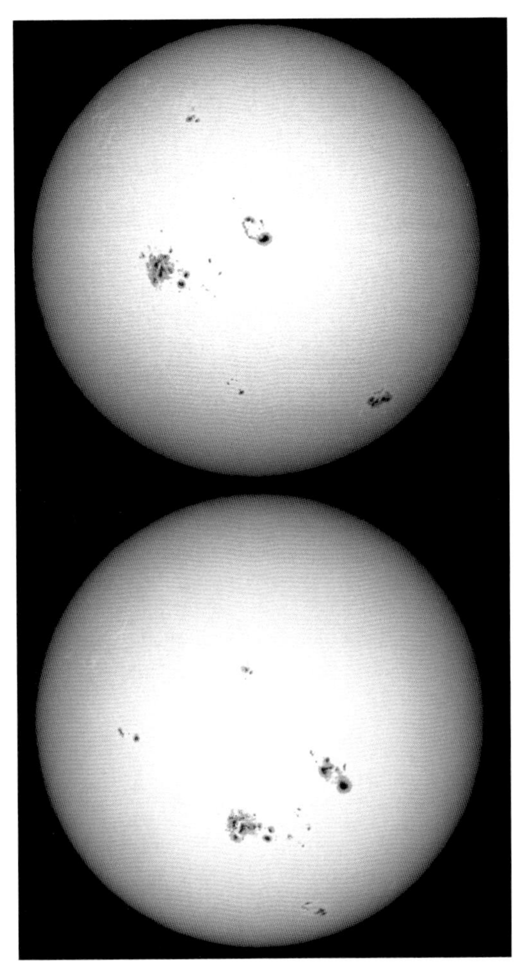

相隔数天后，太阳黑子发生了变化

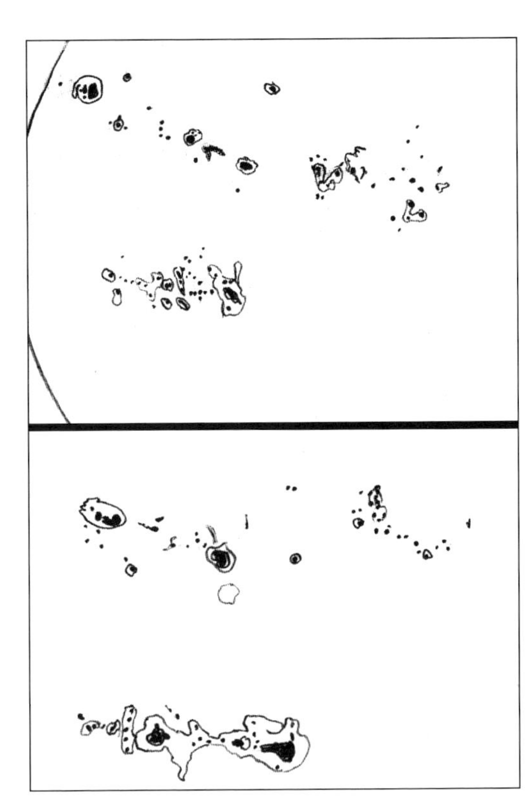

将数天内同一个太阳黑子群的发展变化情况以绘图的方式记录下来

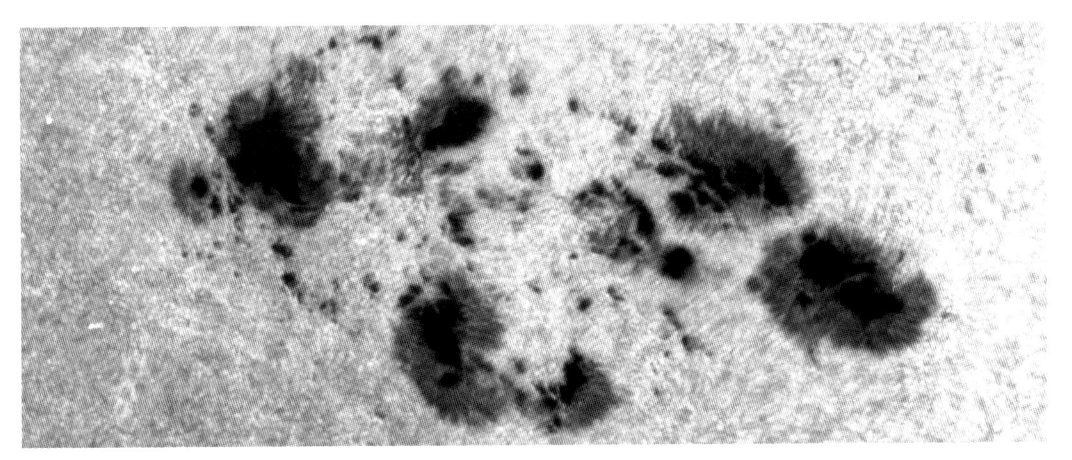

一个太阳黑子群的大特写，我们从中可以明显看出黑色的本影和明亮一些的半影

温标

▶ 日常生活中使用的温标（摄氏温标）是根据水在“标准大气压”（1013 百帕）下人为选择的两个固定点建立起来的：纯水的凝固点为 0℃，沸点为 100℃。而在天文学里使用的是“绝对温标”或“开氏温标”，它的绝对零度（开尔文）描述的是所有分子内能为 0 的状态。开氏温标与摄氏温标的换算关系是：0 K = -273.15℃；273.15 K = 0℃；373.15 K = 100℃。换句话说，这两种温标的 1 度是相等的，区别只在于开氏温标的 0 度比摄氏温标的 0 度低了 273.15 度。因为这个数值在超高温时小到可以忽略不计，所以在温度超过 3×10^4 K 时，我们就不考虑两种温标的差异，统一用“度”做单位。

太阳黑子相对数

1848 年，天文学家鲁道夫·沃尔夫从统计学的角度出发提出了“太阳黑子相对数”（R）的概念，以描述某一时间点太阳黑子的活动程度：$R=k\times(10\times g+f)$。其中 g 为太阳表面黑子群的数目，f 为单个黑子的总数[1]。如果太阳表面只有一个黑子，则 R 值为 11；如果 5 个黑子组成了 1 个黑子群，则 R 值为 15；如果有 5 个独立的黑子，则 R 值为 55。系数 k 描述的是不同观测者在同一时间使用不同设备所得到的黑子相对数的差异程度。如果你正长期连续观测太阳黑子，可以将自己的观测结果与官方的权威观测结果比较，从而推导出你的个人系数 k 的值。这样你就可以将自己未来的观测结果加入太阳黑子统计数据中去了。如果你想长期系统地观测太阳，我们建议你加入专门的组织，比如德国星友协会下的“太阳观测小组”。

根据多年统计的太阳黑子相对数我们发现，太阳黑子的爆发是有规律的——平均每 11.1 年爆发一次。大约每 11 年，太阳黑子就会出现爆发高峰（比如 1969 年、1979 年、1990 年、2001 年、2012~2013 年）。

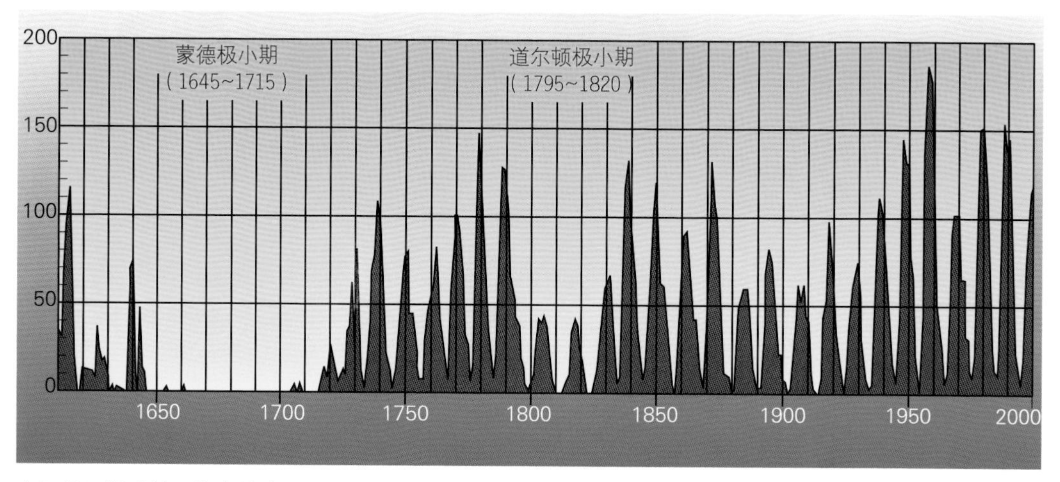

太阳黑子爆发的周期大约为 11 年，最近一次爆发高峰发生在 2012~2013 年

1 沃尔夫将 k 值定为 1。——编者注

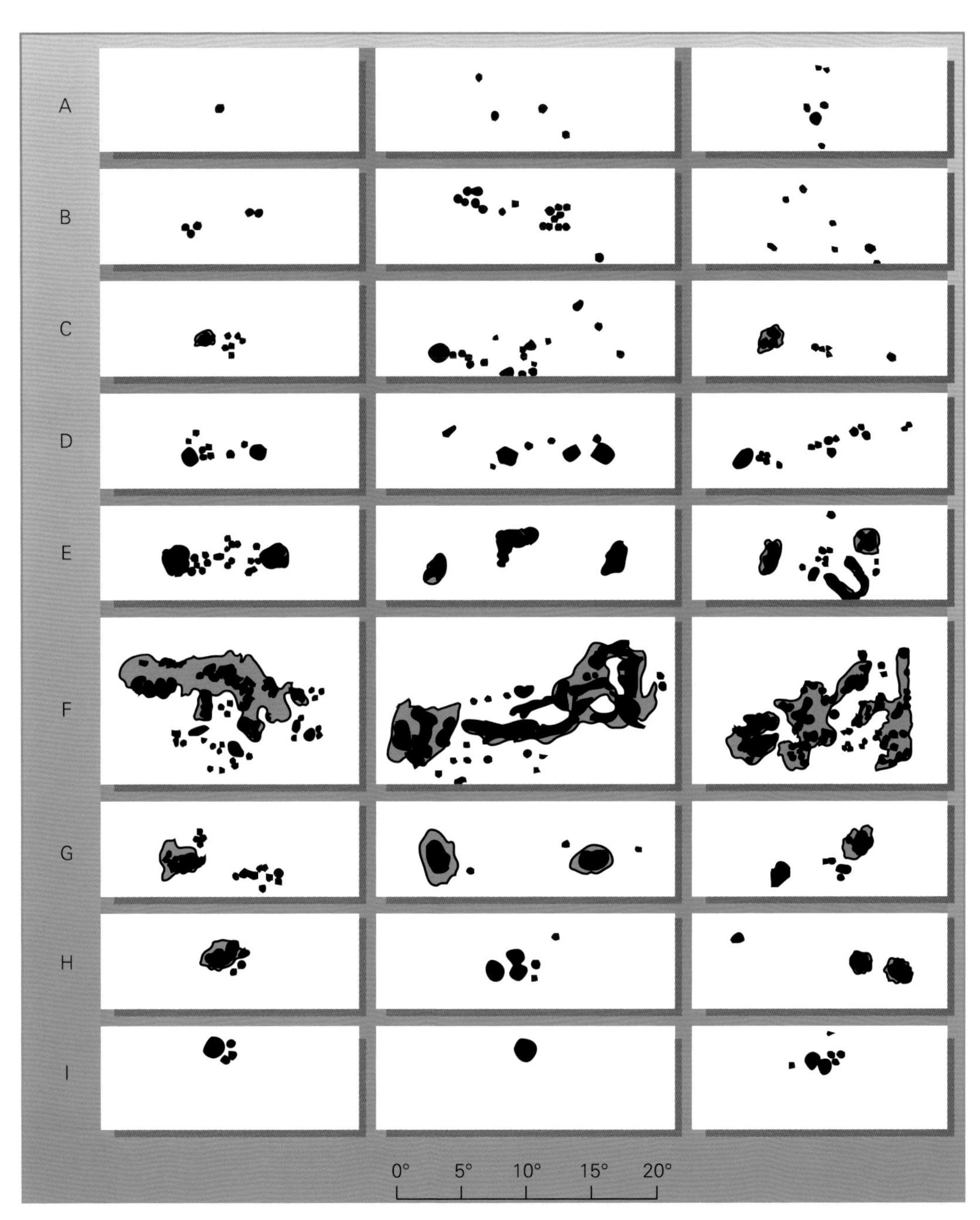

用苏黎世黑子分类法将太阳黑子群进行分类

其他太阳活动

在太阳光球层中较暗的太阳黑子附近，还有一些特别明亮的区域——太阳光斑。太阳光斑呈纤维状，非常亮，是光球层表面的活跃区域，比相对稳定的光球层的温度高。

在大气稳定的时候（一般是早上），我们通过一架口径至少为 10 cm 的高倍天文望远镜可以看到太阳表面的“米粒组织”，这些“米粒组织”是日面上细微的颗粒结构。每一个米粒组织都是一片直径介于 800~1500 km 的微小区域，视直径不到 2"。

太阳光球层的上方是温度更低、颜色更暗淡的色球层，我们只有用专门的滤光片才能看到。这种滤光片只能让色球层中氢元素发出的波长为 656 nm 的红光透过，而光球层发出的光被阻挡下来。因此，我们的眼睛只能接收到色球层发出的红色辉光。这种专门的滤光片在器材专卖店有售，价格很高。

太阳色球层之上，是从色球层边缘向外延伸得很远的日冕层，它只有在日全食时才能被我们看到。色球层还会喷发出剧烈的火舌状气流，即所谓的“日珥”，日珥也因含有大量的氢元素而散发着红光。我们只有在日全食时才可能用肉眼直接看到日珥，其他时候我们想看日珥需要使用专门的太阳望远镜。

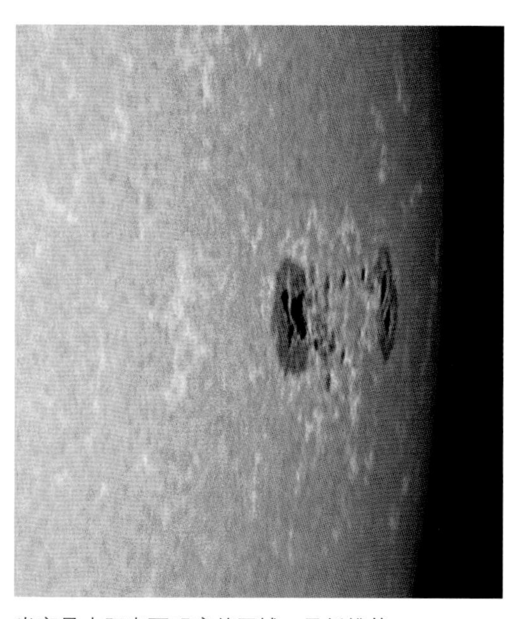

光斑是太阳表面明亮的区域，呈纤维状

除了太阳望远镜，我们还可以通过安装在普通天文望远镜上的各种附件来对色球层和日珥进行观测。

日食的观测

日全食是宇宙带给我们的最壮美的景观之一。日全食发生时，月球正好移动到太阳和地球之间，将自己的影子投射到了地球上。虽然日食比月食发生得更频繁，但是它的观测地点范围很有限，所以仍然属于稀有的天文景观。月食发生时，处于夜半球的所有人都能看见；而日食发生时，只能被昼半球上的一小部分人看到，因为月球的影子投射到地球表面时呈窄窄的条带状。只有身处这个条带以内的地区（全食带）的人们才能看到日全食，距离全食带越远，人们看到的日（偏）食的程度就越小。

日偏食发生时，还有一部分日面未被月球遮挡（没被遮挡的日面大小取决于日食的程度）。因此，发生日偏食时我们观测太阳的方法跟普通的太阳观测法（投影法、使用物镜端太阳滤光片或赫歇尔棱镜）一样，并且也要做好防护措施。

日环食发生时，月球处于其公转轨道上的远地点附近。此时它的视直径相对较小，不能完全遮住太阳。因此，我们能看到太阳在月球黑影周围留下的一圈明亮的圆环。日环食发生时，我们也要使用太阳滤光片或者采用投影法来观测。

日全食对天文观测者来说是一件顶级盛事。

日全食发生时，月球处于其公转轨道上的近地点附近，完全遮住了太阳。只有在这一段短暂的时间里，我们才可以不使用滤光片直视太阳。日全食时我们会看到太阳边缘红色的日珥和太阳大气的最外层——日冕层的放射状光芒。

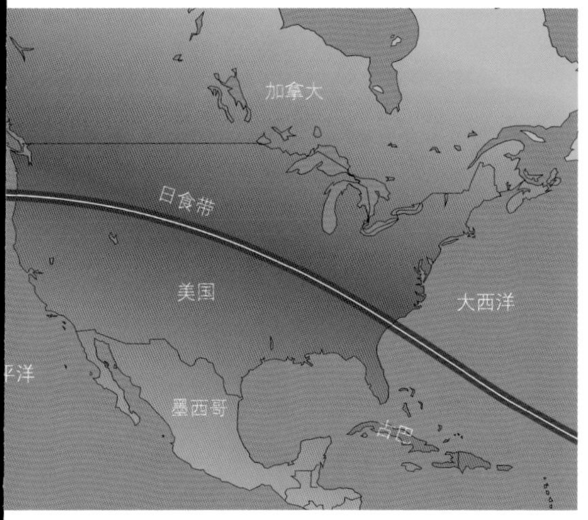

2017 年 8 月 21 日发生的日全食，日食带横穿美国

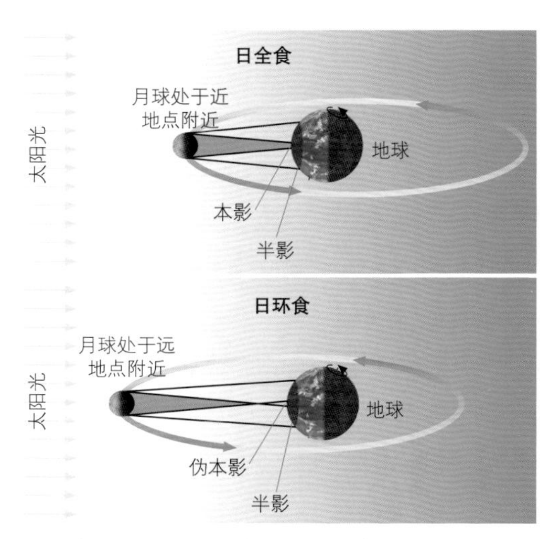

日全食（上）和日环食（下）的成因

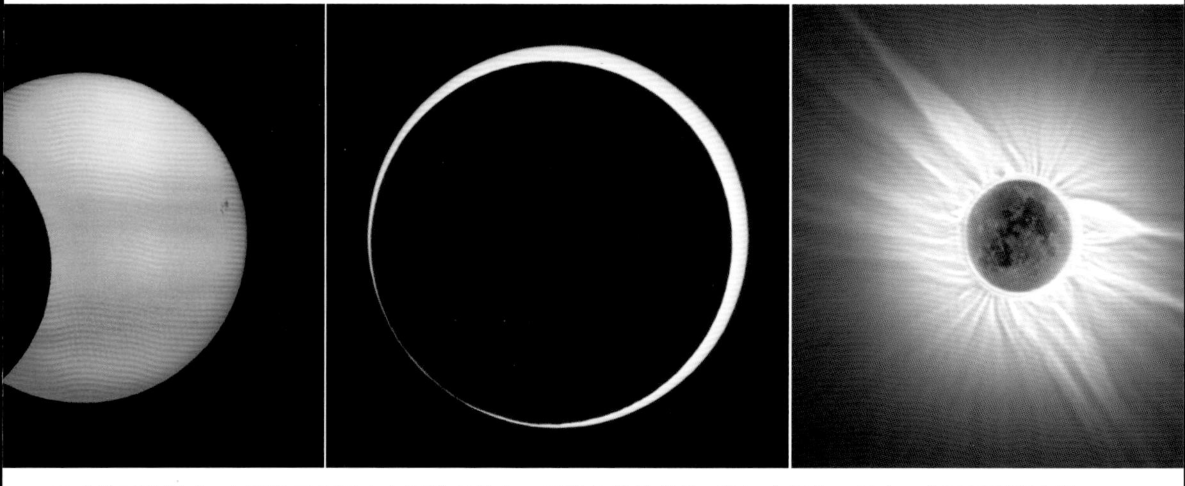

日食的三种形式：上面的三幅图中左图为日偏食，月球只挡住部分日面；中图为日环食，此时月球距离地球较远；右图为日全食，日冕层清晰可见

其他天体的观测

无论是木星的大气风暴、土星的光环，还是火星的极冠、金星的相位变化——太阳系的行星、小行星、流星和彗星们，让我们的天文观测之旅变得多姿多彩。

双筒望远镜中的行星

乍一看，行星在双筒望远镜中的样子与我们用肉眼看到的样子并无差别——都是一个明亮的光点。因为双筒望远镜的倍率太小，所以行星很难在双筒望远镜中呈圆盘状。下面的表格中列出了太阳、月球、众行星和冥王星在天空中看起来的大小，也就是对地面上的观测者来说它们的视直径的大小。

与太阳和月球相比，行星们看上去实在是太小了。行星中我们的近邻金星的最大视直径最大，因为它离地球最近。而巨行星木星由于离地球太远，在我们眼中反而比较小。行星的视直径随它们与地球间距的变化而大幅度变化，同样发生变化的还有它们的视星等。

在双筒望远镜中，金星、火星、木星和土星这 4 颗行星勉强可以呈微小的圆盘状。我们用双筒望远镜可以看到金星明显的相位变化，木星则因为有 4 颗很亮的卫星而让我们对它的辨认变得更加容易。我们用双筒望远镜看不到土星的光环，但是可以看到它明亮的卫星——土卫六（泰坦），其为 8 等星。用双筒望远镜持续观测数小时或数天的话，可以看到木星的 4 颗卫星和土卫六都在各自围绕着自己的主星运

太阳、月球、众行星和冥王星的视直径和视星等一览表

天体	视直径	视星等
太阳	31.5' ~ 32.5'	-26.7
月球	29.8' ~ 34.1'	最小为 -12.6
水星	4.6" ~ 12.6"	-2.2 ~ 5.6
金星	9.6" ~ 64.3"	-4.7 ~ -3.9
火星	3.5" ~ 25.2"	-2.9 ~ 1.8
木星	30.5" ~ 50.1"	-2.9 ~ -1.9
土星	14.9" ~ 20.8"	-0.4 ~ 0.5
天王星	3.3" ~ 4.1"	5.6 ~ 5.9
海王星	2.2" ~ 2.4"	7.8 ~ 8.0
冥王星	0.1"	13.5 ~ 14.0

我们通过双筒望远镜就能观测到木星的卫星

动。不过想要亲眼见到宇宙中天体的这种运动需要一些耐心。为了掌握数小时或数天内卫星相对主星的位置变化情况，我们可以将每次的观测结果绘制下来，以便与下一次的观测结果比对。

肉眼看不见的远日行星天王星和海王星，我们在用双筒望远镜寻找它们的过程中就能感受到它们的魅力。不过在双筒望远镜中它们只是两个模糊的光点。冥王星对双筒望远镜来说过于暗弱了，我们只能用较大的天文望远镜来观测这颗较小且暗弱的 14 等星。

天文望远镜中的行星

每一位天文学初学者第一次通过天文望远镜看到行星的那一刻都会被震撼到：金星的月牙形相位、木星的云带或者土星的光环等突然清晰地跃入眼帘。天文望远镜具有两大优势：一是它的倍率是可调节的，二是它的支架非常稳固，而这两点对行星的观测来说至关重要。在被从较大倍率调到最大有效倍率（第 56 页）的过程中，天文望远镜可以展现火星、木星和土星表面的许多细节。

与观测太阳和月球一样，观测行星（尤其是使用较大型的天文望远镜进行观测时）的一大影响因素就是视宁度。糟糕的视宁度会导致行星的圆面影像忽而清晰、忽而模糊，不停地扭曲和晃动。而在视宁度良好时，行星影像清晰、锐利，我们通过天文望远镜甚至能看清行星表面细小的结构，这些结构使我们记忆深刻。我们很容易沉醉于这种美妙中，良久都不愿移开视线。

白昼时行星的观测

金星、木星、水星、火星、土星这五颗明亮的行星在白昼也可能被我们观测到。尤其是金星，我们只要知道它在天空中的位置，很容易就能找到它（有时甚至用肉眼就能直接看到）。所以根本问题在于，我们得知道它们在天空中的位置。如果天文望远镜的机架已被校准，并且天文望远镜上配有定位刻度盘，我们就可以通过行星的赤经和赤纬坐标来瞄准它们。已经被固定的天文望远镜不能通过行星的绝对坐标来寻星，所以观测时我们需要使用行星与一些显著天体——比如太阳或月球——之间的相对坐标。**请注意，观测太阳时一定要采取安全防护措施**（第 80 页）！我们可以在天文年历或天文软件中查得天体的坐标。将天文望远镜对准太阳或月球后，在定位刻度盘上尽可能精确地输入我们选定的这个参照物的坐标。然后转动天文望远镜，使定位刻度盘上的指针对准目标行星的坐标。只有将天文望远镜的倍率调得尽可能地小，我们才能在天文望远镜目镜的视场中发现目标行星。

行星相合：2015 年金木相合，当时金星与木星只相距数角分

另一个方法也很常见，就是当月球恰好位于某颗行星附近时，我们可以将它作为寻找行星的参照物。这种行星合月的现象会有规律地发生，具体发生时间我们在天文年历，如《宇宙年历》(Kosmos Himmelsjahr)中可以查到。

水星和金星

水星

水星是太阳系行星家族中距离太阳最近同时也是最小的一颗行星：它的直径只有 4878 km，质量只有地球的 5.5%。这导致它的引力非常微弱，微弱到不足以维系大气层。因此，水星那遍布无数陨石坑、伤痕累累的表面就直接暴露在太阳强烈的辐射下，白昼时温度会上升至大约 425℃，在长达 3 个月的漫漫长夜里温度又会降至 -180℃以下。

水星在椭圆形的轨道（轨道的偏心率非常大）上绕着太阳运动，每绕太阳一周需要将近 88 天[1]。水星与太阳之间的距离在 4.6×10^7~7×10^7 km 之间变化。它自转一周（1 个恒星日）大约需要 58.5 天，相当于其公转周期的 2/3。自转和公转周期的叠加导致水星上的 1 个昼夜（1 个太阳日）长达 176 天，也就是 2 个“水星年”[2]。

令人惊叹的是水星巨大的密度，它的平均密度仅比地球密度小一点儿：水星似乎拥有一个巨大的铁质内核，并且这个内核的半径是水星半径的 3/4。所以水星的内部结构与地球相似，表面却与月球表面相似——只是这两部分十分不搭。因此，有些学者提出假设：水星原本可能比现在的样子大得多，但在很久以前曾被一个相当大的小行星猛烈撞击过，它表面的岩石层在这一撞击中被撞飞了大半，只剩下如今这个比例非常不协调的铁核。

20 世纪 90 年代初，有几位天文学家提出了令同行震惊的观点。他们说雷达观测显示，水星两极地区存在冰。事实上，至少在水星的南极地区，有一座大约 150 km 高的环形山，

1 不特别指出时，“天”均表示地球日。
2 因为水星公转 1 圈为 1 年，176 天相当于水星公转了 2 圈，所以存在一个说法：水星上的 1 天相当于 2 年。

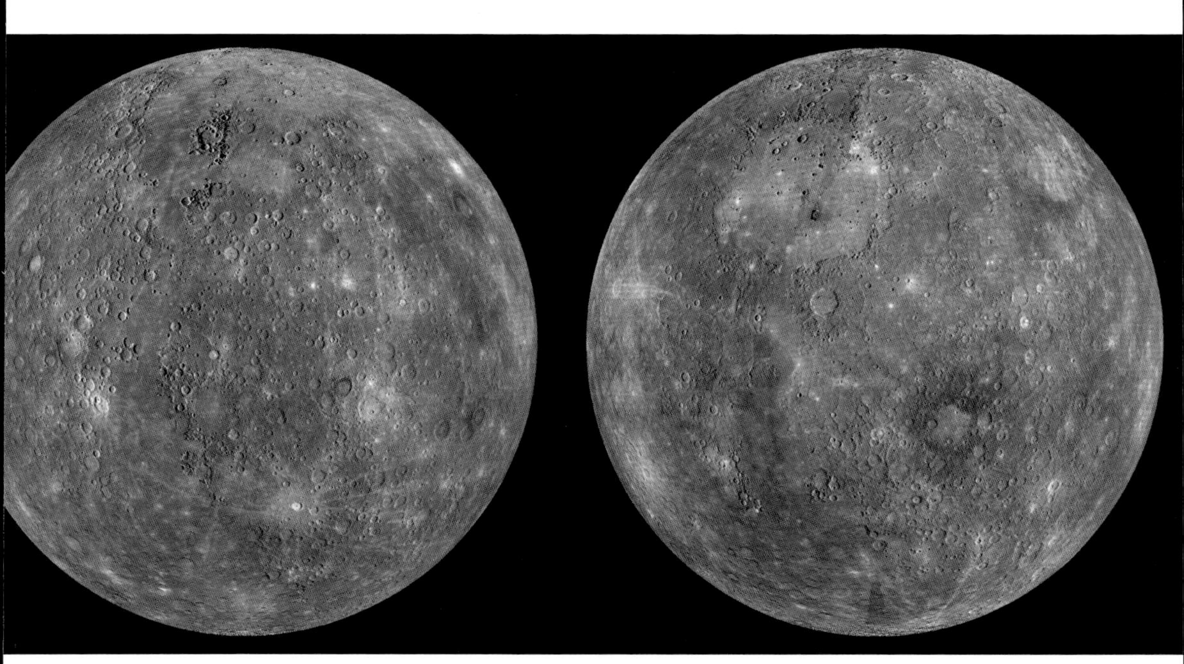

水星表面坑坑洼洼，与月球表面十分相似

该环形山山底有部分地区长期处于山壁的阴影之下，因而可以长期维持冰的存在，而这些冰很可能是很久以前彗星撞击水星后留下来的。

水手 10 号空间探测器曾 3 次飞掠水星，给我们传回了水星的图像和相关数据。NASA 的信使号水星探测器于 2011 年进入水星轨道，成为首颗环绕水星运行的人类探测器，它对水星的整个表面进行了详细勘绘，并对水星的磁场和两极进行了研究（见上图）。

金星

金星是太阳系中离地球最近的内行星，一直以来被视作地球的妹妹：因为金星的直径为 1.21×10^4 km，只比地球小一点点。金星围绕太阳公转的轨道接近于圆形，与太阳相距大约 1.08×10^8 km，公转周期为 224 天多，距离地球最近时只有不到 4×10^7 km——比太阳系中其他任何一颗行星离地球都近。然而由于金星表面密布遮天蔽日的浓厚云层，在 20 世纪 60 年代以前，天文学家对金星知之甚少。直到 1962 年 12 月，水手 2 号空间探测器首次将对金星的勘测数据发回地球，人们对金星的了解才越来越多。

现如今我们已经知道，金星表面宛如一座热浪翻滚的炼狱，与它的拉丁名——维纳斯（Venus，罗马神话中的爱神）极不相符。金星表面温度大约为 475℃，表面大气压是地球大气压的 90 倍。之所以会形成这种炼狱般的环境，是因为金星大气中含有大量的二氧化碳——二氧化碳长时间聚集不可避免地导致了剧烈的温室效应，从而造成了金星上的这一气候灾难。在这种炼狱的环境下，金星上原本存在的水分也都被蒸发到宇宙中去了。然而，更令人惊心的是，距离金星表面 50~80 km 高的浓厚云层，

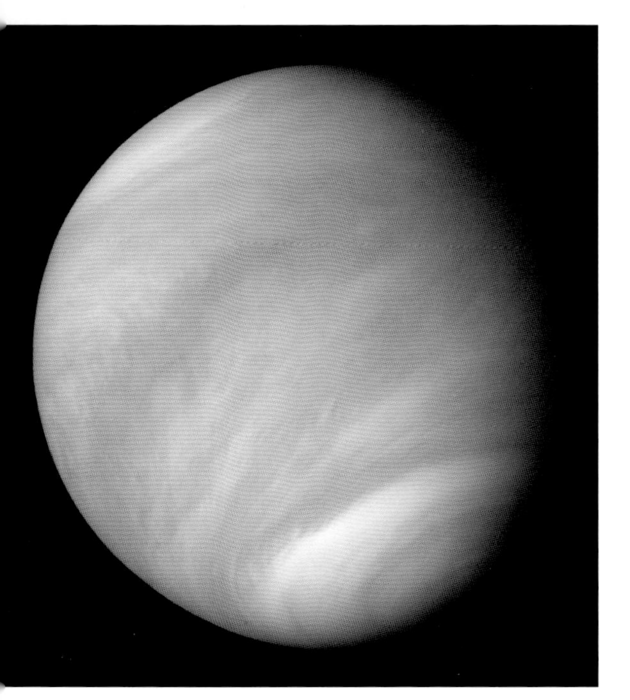

我们的近邻——金星被一层厚厚的大气包裹着

雷达探测显示金星表面沟壑纵横

竟然是由浓度为 75% 的硫酸液滴构成的。

金星表面浓厚的云层阻挡了我们投向金星的视线，只有雷达卫星才能探测到金星表面的风光。从 20 世纪 90 年代初开始，在麦哲伦号金星探测器成功发射后，金星的研究者们才渐渐了解到，金星表面有两块较大的大陆状高地以及多座火山。其余则是平坦程度不一的低地，被四处流淌的熔岩所覆盖。1965 年，科学家首次利用地球雷达探测确定了金星的自转周期（1 个恒星日）大约为 243 天，并且金星自转的方向与地球和其他大多数行星自转的方向相反。自东向西自转和自西向东公转的叠加就导致了金星的一昼夜（1 个太阳日）大约为 116 天。

科学家猜测金星内部的结构与地球内部结构极为相似。但金星可能拥有一个 100 多千米厚的外壳，这就造成了其构造运动与地球的几乎完全不同。外壳下面是一层厚度将近 3000 km 的岩石地幔，它包裹着一个直径大约为 6000 km 的铁核。金星探测器迄今为止还没有在金星上发现磁场，可能是因为金星极缓慢的自转几乎不会在内核中引发感应电流（假如金星的内核也是液态的）。

水星和金星的观测

两颗内行星——水星和金星相位的变化都与月球类似，因为我们从地球上看过去，有时看到的是它们被太阳完全照亮的圆面（此时二者处于满盈状态），有时面对的则是它们完全没有被太阳照到的圆面（就像新月一样）。前一种情况，我们从地球看过去时，水星和金星位于太阳的背后（上合）；后一种情况，这两颗行星正好位于太阳与地球之间（下合）。在水星和金

傍晚的天空中，金星、水星与渐盈的月球（水星几乎与山顶齐平）

星从上合到下合的这段时间里，我们可以看到它们的各种相位。当我们从地球上看过去，这两颗行星与太阳之间的距角最大（即它们处于大距的位置）时，它们在我们眼中几乎是半圆形的。而上合前后，它们出现在白昼的天空里，位于太阳附近或者背后，无法被我们看见。此时因为它们距离地球最远，所以它们的视直径（第 88 页）最小。而它们下合时，视直径最大。金星下合时是我们观测它的良好时机，水星则只有在大距前后的短短数天里才会现身。水星公转轨道的偏心率很大，位于大距时它与太阳的距角在 18° 与 28° 之间变动，因此，这颗散发着淡黄色光辉的行星只有在晨昏蒙影阶段才可见。可是此时它距离地平线很近，观测条件可以说相当糟糕。我们用业余级别的仪器顶多能看到它相位的变化。要想看到它表面的明暗细节，则要用较大型的天文望远镜。

作为地球上看到的最亮的行星，金星位于大距时与太阳的距角达 47° 。因此，从傍晚时分到午夜之后，它都位于地平线之上，我们很容易就能看到它。因为它的视直径相对较大，最大时超过 1'，所以我们很容易就能发现它相位的变化。然而我们完全看不到金星表面的细节，因为这颗散发着白色光辉的行星被浓厚的、在可见光的照射下无固定结构的云层包裹着。

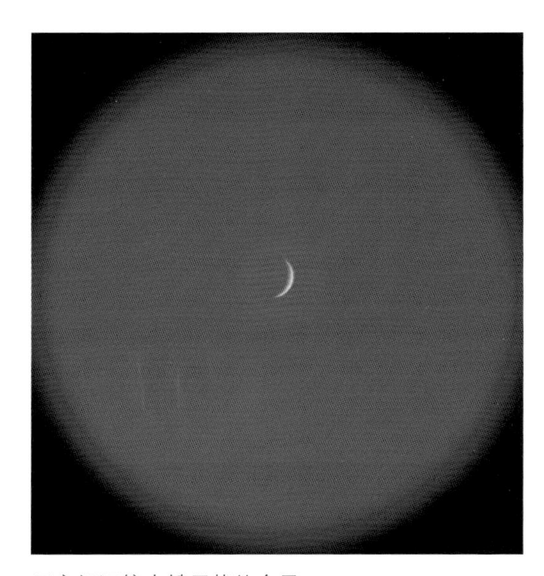
天文望远镜中蛾眉状的金星

在下合前后，金星呈细月牙形，它的两个尖角看上去就像要碰到一起一样，这可能是金星大气层造成的视觉效果。2004 年与 2012 年均出现了金星凌日，这一天文现象在 2117 年和 2125 年还会出现。

火星、木星和土星

红色星球——火星

火星是外行星中与我们距离最近的一颗。它的公转周期为 687 天，轨道是偏心率较大的椭圆形的。火星与太阳之间的距离在不足 2.07×10^8 km 和 2.49×10^8 km 之间变动。当地球从自己的轨道上赶超火星时，理想的话将出现火星大冲的现象，此时地球和火星之间的距离会缩小到不足 5.6×10^7 km。2003 年夏天火星大冲时，火星视直径达到了 25.1"。2018 年 7 月，火星将再次冲日，视直径将达到 24.1"[1]。2014 年和 2016 年火星冲日时，火星距离地球较远，因此它看上去要小一些。火星的直径为 6794 km，在太阳系八大行星中排在倒数第二位。与更小的水星不同的是，火星似乎并没有一个显著的铁核，因为它的平均密度明显比水星、地球和金星的平均密度小。然而作为与地球最相像的行星，火星与地球的相似

我们的邻星火星表面是一片荒漠，砾石遍布

1 原版书于 2013 年出版。——编者注

性不仅仅在于外观：它的轴倾角约为 25°，与地球的轴倾角非常接近，火星的 1 天只比地球的 1 天长大约 40 分钟。火星与地球的相似性还在于火星上也有水，我们猜测火星上的水可能以冰的形式存在于火星极冠区域或者火星地表以下。另外，对火星表面地质构造的大量研究表明，火星上曾经有大量流动的水存在过，并且流动的水在火星表面留下了痕迹。科学家们因此推想：在漫长的历史进程中，火星上可能曾经存在过最简单的生命形式。然而在火星上进行科学考察的各个空间探测器，包括 20 世纪 70 年代中期美国的“海盗号”、2004 年在火星着陆的“机遇号”和“勇气号”以及自 2012 年工作至今的较大型的“好奇号”，都没能找到火星存在生命的证据。此外，火星陨石中的那些所谓的生命痕迹能否证明火星上存在生命，学术界也一直争执不休。即使如此，寻找水和有机物一直是我们探索火星的重点。

火星表面遍布陨石坑，这些陨石坑是太阳系形成早期的一次剧烈的爆炸留下的。后来大型火山喷发的岩浆重塑了火星表面的广大区域。这些火山中最高的一座——奥林帕斯山巍峨耸立，高度超过 22 km。奥林帕斯山不远处还有一条绵延数千千米、与火星赤道平行的东西走向的峡谷——水手谷，其深度超过 7 km，宽度超过 200 km。

火星上的大气非常稀薄，因此火星上时不时会发生超强沙尘暴，而超强沙尘暴的发生正在逐渐改变火星表面的结构。火星表面的大气压不到地球大气压的 1%，主要由二氧化碳构成的大气层并不能为火星提供足够的保护，以抵御来自宇宙的严寒和来自太阳的有害的紫外线。虽然在温暖的夏日，火星赤道附近的温度可以短暂地上升到 10℃以上，但在夜晚又会

火星是一颗沙漠行星，具有由固态水和固态二氧化碳构成的白色极冠，时不时还会有超强沙尘暴席卷整颗星球

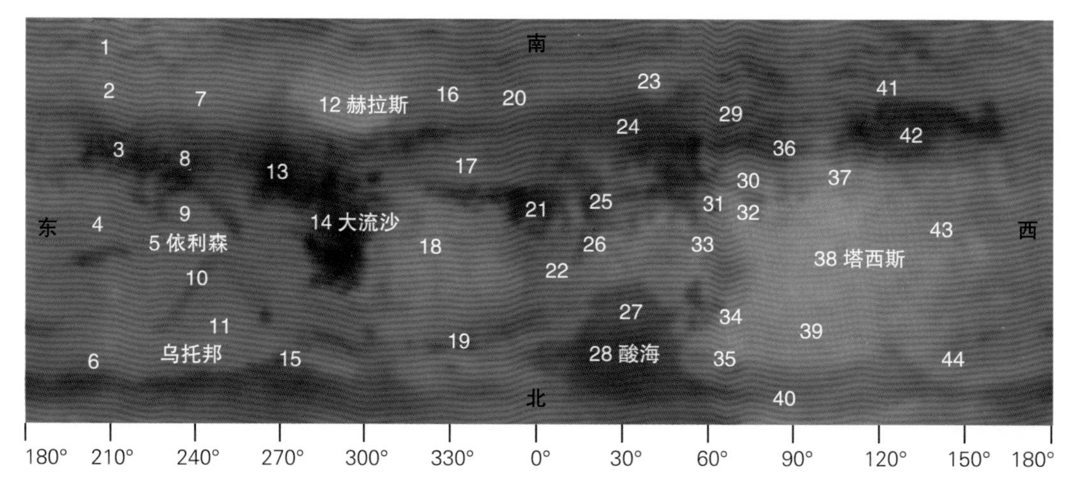

1 克龙尼海（Mare Chronium）
2 艾瑞达尼亚（Eridania）
3 克梅里门海（Mare Cimmerium）
4 查洛蒂三角地（Trivium Charontis）
5 依利森（Elysium）
6 潘查亚（Panchaia）
7 奥桑尼亚（Ausonia）
8 赫斯普利亚（Hesperia）
9 阿伊提俄庇亚（Aethiopis）
10 阿尔库俄纽斯（Nodus Alcyonius）
11 乌托邦（Utopia）
12 赫拉斯（Hellas）
13 蒂尔赫门海（Mare Tyrrhenum）
14 大流沙（Syrtis Major）
15 欧克昂克亚（Uchronia）
16 赫勒斯庞塔斯（Hellespontus）
17 萨巴斯湾（Sinus Sabaeus）
18 艾里亚（Aeria）
19 普罗敦尼勒斯（Protonilus）
20 诺亚高地（Noachis）
21 子午线湾（Sinus Meridiani）
22 伊甸园（Eden）
23 阿盖尔（Argyre）
24 埃里斯雷海（Mare Erythraeum）
25 珍珠湾（Margaritifer Sinus）
26 欧克西亚沼（Oxia Palus）
27 尼拉卡斯湖（Niliacus Lacus）
28 酸海（Mare Acidalium）
29 博斯普鲁斯（Bosporus）
30 太阳湖（Solis Lacus）
31 科普雷特斯峡谷（Coprates）
32 提托诺斯湖（Tithonius Lacus）
33 青年泉（Juventae Fons）
34 阿尔布斯区（Tractus Alpus）
35 坦普（Tempe）
36 奥尼厄斯湾（Aonius Sinus）
37 凤凰湖（Phoenicis Lacus）
38 塔西斯（Tharsis）
39 阿加底亚（Arcadia）
40 北海（Mare Boreum）
41 费索恩蒂斯大陆（Phaetontis）
42 塞壬海（Mare Sirenum）
43 亚马逊平原（Amazonis）
44 斯堪底亚（Scandia）

火星上重要的地名

降到 -60℃以下，冬季夜晚的温度甚至会降到 -100℃以下。

红色星球火星拥有 2 颗小卫星——火卫一和火卫二。它们极可能是很久以前被火星俘获的 2 颗小行星。

火星的观测

对天文爱好者来说，与水星和金星相比，火星上具有更多看点。火星合日时，这颗因表面是红色的而发着红光的星球离地球最远。因此，此时它的视直径最小（3.5"），视星等也最小（1.8）。不过这时它会与太阳一同出现在白昼的天空中，我们看不到它。

对我们来说，观测火星的最佳时机就是火星冲日时，这时火星与太阳在天空中相对。地球在自己的轨道上追赶上火星时，火地距离最小。观测条件理想的话，火星的视直径可以达到 25.2"，视星等可以达到 -2.9 等。火星冲日前后的约 4 个月，都是我们在地球上观测它的良好时机，我们用天文望远镜就能看到它相位的变化：这段时间内火星圆面最多只有约 85% 的区域被照亮。因为火星椭圆形轨道的偏心率很大，所以火星的视直径变化幅度相当大，因此，它的观测条件变得也很快。德国地处中欧，在火星冲日时，我们从德国看，火星位于南方地平线处，它反射的光线只有穿透厚厚的大气层才能到达我们眼中，并且此时的视宁度非常差。不过我们如果用天文望远镜观测，即使天文望远镜的倍率较小，我们也可以大致看到火星表面的结构。天文望远镜中极为引人注目的是火星那耀眼的白色极冠。火星大气稀薄，又跟地球一样具有较大的轴倾角，因此火星上也有季节的更替。当火星北极倾向太阳时，北半球进入夏季，北极冠的冰开始融化。我们用普通的天文望远镜就能观测到火星极冠的这种季节性消融现象。天文年历会给出某一时间火星所处的季节，比如火星南半球的夏季是从何时开始的。通过火星圆面的图片我们就能知道南极冠的初始大小，我们可以以此为基础了解南极冠消融的情况。火星的极冠会在夏季的数月中渐渐变小。除了极冠，我们还可以通过天文望远镜了解火星表面其他地区的明暗构造。通过对这些明暗构造的观测，我们可以弄清楚火星的自转情况。

观测时，为了更好地了解火星表面的地貌，我们建议使用可安装在目镜上的彩色滤镜。红色滤镜会提高望远镜中火星表面构造的明暗对比度，因为火星大气层中的微小尘埃颗粒会使

冲日前后的数周里，火星看起来较小，且处于特定的相位

光线发生散射，红色滤镜能降低这种影响。蓝色滤镜则可以加强我们看到的火星大气尘埃造成的效果。如果望远镜上安装的是先进的行星摄像头，即使是普通的望远镜也能拍出高分辨率的彩色照片，照片上还能清楚地呈现火星的云层和尘暴。有时候，我们完全看不到火星表面的任何细节，满眼只是一片色彩均匀的橙红。此时，火星上可能正在发生一场巨型尘暴，盘旋在火星上的沙尘使得我们的视线无法穿透火星大气层。

我们无论观测到了什么样的景象，都要用绘图或者照相的方式将其记录下来，以便日后与其他观测结果进行比对。这样做对我们天文观测能力的提升大有裨益。

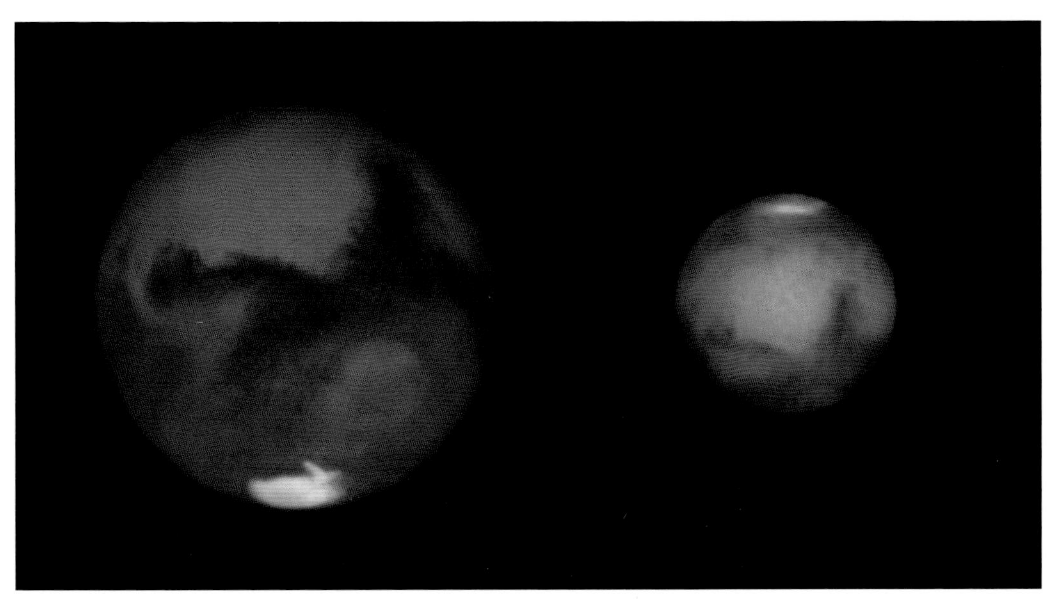

火星大冲（左）和小冲（右）时我们看到的火星圆面

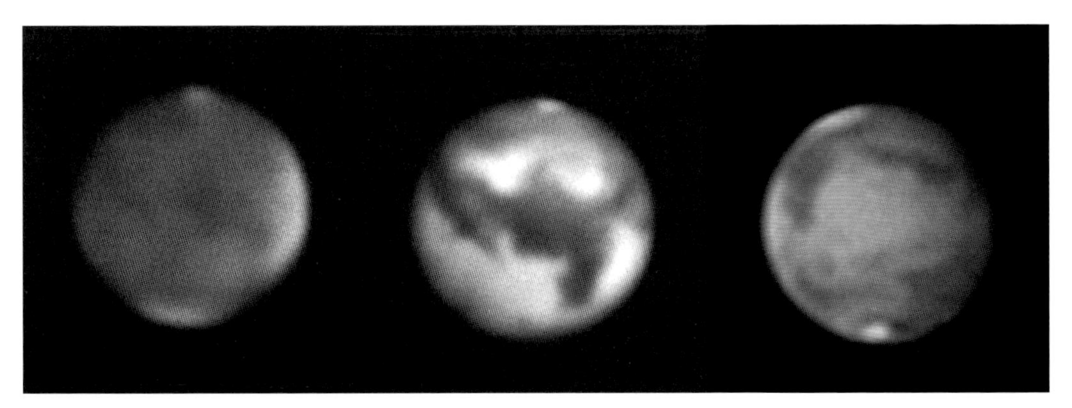

火星照片：左边的照片拍摄时使用了蓝色滤镜，突出了火星的大气层；中间的照片拍摄时使用了红色滤镜，更好地呈现了火星表面的细节；右边的是彩色照片，展现了橙红色火星的地表结构、白色的极冠（下）和云层（左上）

巨行星——木星

木星是太阳系中体积最大的行星：赤道处的直径几乎达 1.43×10^5 km，是地球直径的 11 倍多。它的质量大约是地球质量的 318 倍。木星与太阳之间的距离是日地距离的 5 倍多，公转一周需要将近 12 年。它与太阳之间的距离在 7.41×10^8~8.16×10^8 km 之间变化。

这颗巨行星也是太阳系中日长最短的行星：它的自转周期为 9 小时 55 分钟 29.7 秒。由于自转得非常快，木星被明显地"压扁"了，它两极的直径比赤道处的直径短了将近 1×10^4 km。我们可以通过木星表面某个典型结构相邻两次出现的时间间隔来确定它的自转周期。不过，木星云层顶部的花纹结构的位置会随着时间的推移而改变。木星上最引人注目的标志性景观当属南纬 20° 附近的大红斑，它是一个巨大的风暴气旋，于大约 300 年前被人类发现后一直存在。空间探测器测定的结果显示，大红斑内部的风速高达 500 km/h。

木星表面另一个显著特征就是平行于木星赤道的亮带和带纹。迄今为止，各个空间探测器在对木星进行近距离探测时都显示，这些区带分别是木星大气层中的高压区和低压区，它们是因木星的急速自转和由此产生的自转偏向力形成的——自转偏向力将包裹着整颗行星的大气层拉扯成了条带状。在亮带里，温暖的气体从木星大气层底部上升，一路受冷，氨气冷凝结晶形成氨云，接着这些氨云涌向带纹。在带纹中，较为浓密的气体会再次下沉，下沉的过程中气体温度不断升高，导致带纹中原本存在的硫和含碳化合物发生了颜色反应。

木星属于气态巨行星，它的平均密度较小，这说明组成木星的物质大部分是气体，只有小部分是岩石和金属。木星上的气体——主要由氢和氦这两种宇宙中最常见的元素构成——不

巨行星木星没有坚实的固体表面，我们看到的是它上层的大气层。图中木星的右侧有其著名的大红斑，左侧有一个它的卫星投下的阴影

大红斑是木星大气层中的一个巨大的风暴气旋，大约 300 年前就已被人类观测到，迄今依然存在

断向木星内部压缩，使整颗行星变得更加致密和“硬实”，最终在地表以下大约 1000 km 处变成了液态。

木星地表以下大约 2.5×10^4 km 处，对我们来说是一个奇特的世界：那里的温度和压力都高到足以使氢气金属化，从而具有导电性。这里产生的电流可能就是木星拥有强大磁场的原因。科学家猜测，在木星地表以下 5.7×10^4 km 的地方，有一个直径差不多为 3×10^4 km 的岩石内核。

木星被 4 颗大卫星和众多小卫星环绕着。4 颗大卫星——木卫一、木卫二、木卫三和木卫四由意大利天文学家伽利略于 1610 年发现，因此，它们被统称为伽利略卫星。这 4 颗卫星的直径从 3138 km（木卫二）到 5262 km（木卫三）不等。1892 年，美国人爱德华 · 埃默森 · 巴纳德发现了木卫五。其后人们陆陆续续在木星周围发现了其他小型卫星。截至 2012 年，已经有 67 颗木星卫星被发现。

伽利略木星探测器（工作时间为 1995~2003 年）显示，木星的 4 颗大卫星上的景象完全不同。木卫一是太阳系里火山最为活跃的天体。科学家们猜测木卫二那只有数千米厚的冰壳之下是由液态水构成的海洋（其中可能含有最简单的生命形式）。作为太阳系里最大的卫星，木卫三甚至比水星还要大，它的表面被冰与岩石构成的厚厚外壳覆盖，有的地方布满了大小不一的陨石坑，有的地方则是长长的沟槽和丘陵带。

木卫四平均密度很小，科学家由此推测木卫四里含有高比例的水冰[1]：其厚达 300 km 的冰壳里可能只掺杂着少量的岩石。冰壳下面可能是大约 10 km 深的由液态水组成的海洋，其余部分则是冰与岩石的混合物。

木星的观测

由于木星离太阳非常遥远，其视直径的变化幅度与火星相比小得多：在 30.5" 和 50.1" 之间。木星冲日前后是我们观测它的最佳时机，此时木星视直径最大，整夜可见，午夜时分到达它在天空中的最高点。但如果冲日前后木星位于南天星座，中欧地区的人们看过去时，它

木星的四大卫星，从左到右依次为：木卫一、木卫二、木卫三和木卫四

1 指水在低温状态下凝固而形成的冰，区别于干冰等物质。

木星云带的照片（由天文望远镜获得的颠倒图像）

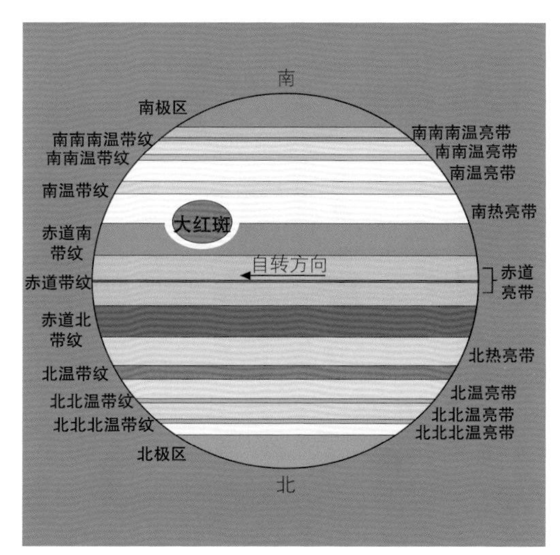

只是低悬在南方地平线之上，不利于人们的观测。如果冲日前后木星位于黄道星座中的金牛座或双子座，那么对中欧地区的人们来说，此时就是观测木星的最佳时机。

木星最吸引人的是它独特的扁圆形和多彩的云带。这颗巨行星因快速的自转而产生了条纹状的云带。我们观测几分钟的话就会发现：云带在移动。

木星的自转属于较差自转，也就是说，木星自转时赤道区的速度大于两极的速度。人们因此把观测得到的木星云带按自转周期分为三个系统——系统Ⅰ、系统Ⅱ和系统Ⅲ。其中系

木星的赤道南带纹于2010年消失，2012年再次出现

统Ⅱ的云带的自转周期要比系统Ⅰ的慢大约5分钟，而系统Ⅱ和系统Ⅲ的云带自转周期只相差10秒。

在视宁度极佳的时候，我们对木星表面细节的观测可以达到非常细微的程度。高级天文望远镜，比如无色差的复消色差折射望远镜或者配有消色差目镜的反射望远镜都能呈现木星云带上分外绚丽的花纹，这些花纹会在数小时或数天内大体保持不变，只是细节上略有改变。另外，还会出现某个显著的云带先消失数周或数月，后再次出现的情况。如果我们能将这些难得一见的天文现象在观测笔记上以文字、照片或图画的形式记录下来，那就再好不过了。

在木星众多的卫星中，天文爱好者能观测到的只有那4颗最亮的卫星。它们按轨道排列顺序从里到外依次为木卫一、木卫二、木卫三和木卫四，这4颗卫星的视星等在4.6和5.6之间，我们用双筒望远镜就能观测到它们（如果它们不在更为明亮的木星旁边，理论上我们甚至直接用肉眼就能看到它们）。这4颗卫星围绕木星的公转周期在1.7天至16.6天不等。只需花数分钟时间，我们就可以看到木星周围卫星位置的变化。高品质的天文望远镜装上先进的行星摄像头后，甚至可以呈现这几颗大卫星表面的细节。

由于木星自转轴与卫星轨道间的轴倾角只有3°，倾斜的角度实在太小，我们从地球上看过去，木星几乎平躺在它的卫星的轨道面上。因此，我们能够频繁地看到所谓的“木卫凌木”的现象：某颗卫星从木星圆面前方经过时，将它黑色的阴影投射到木星云带上。木星的卫星也会被木星遮掩[1]或者进入木星的阴影[2]。偶尔还会出现木星的两颗卫星相互“掩食”的情况，这是激动人心的天文胜景。我们可以在相应的天文年历中查阅这些天文事件发生的时间。

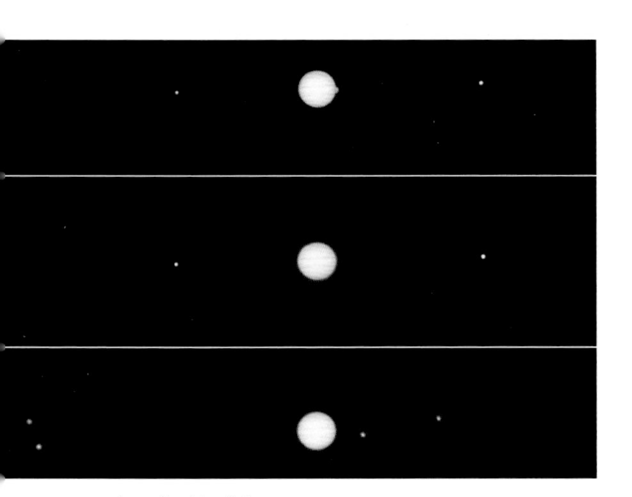

木卫的“舞步”

一颗卫星将它的阴影投射到木星云带上

1 天文学上称为“掩”，指地球、木星和木星的卫星大致成一直线，木星将自己的卫星遮挡的天文现象。
2 天文学上称为“食”，指太阳、木星和木星的卫星大致成一直线，木星的卫星进入木星阴影的天文现象。

有环行星——土星

土星是太阳系中继木星之后的第二大行星。与木星一样，它也主要由氢气和氦气构成（还有一些氨气和甲烷），同样也属于气态巨行星。土星赤道处的直径约为 1.2×10^5 km，差不多是木星赤道处直径的 83%，但它的质量只是地球质量的 95 倍。因此，土星的平均密度比水还小，小到可以漂浮在水面上（如果有一片足够大的海洋供它漂浮的话）。土星自转的速度也非常快（自转周期不到 10 小时 40 分钟），比它的大哥——木星还要扁，两极的直径只有大约 1.09×10^5 km。土星绕太阳公转一周需要将近 30 年，与太阳之间的距离在 1.2×10^9~1.67×10^9 km 或者 9.0~10.1 个天文单位（AU）之间变动。

长久以来土星都被视为“有环行星”的代表。17 世纪中期，巴黎天文台第一任台长多美尼科 · 卡西尼确认了土星之侧那个在半个世纪前就被伽利略描述过的隆起到底是什么，也就是土星环。卡西尼还发现光环里圈的 B 环和外圈的 A 环之间存在一条缝隙，人们后来将这条缝隙称为“卡西尼环缝”。1785 年，法国数学家皮埃尔 · 西蒙 · 拉普拉斯证明，土星环不可能是固态的连续实体盘。根据天体力学法则，环内侧区域的转速一定比外侧区域快得多，土星环如果是固态实体盘，那么一定会被撕成碎片——毕竟这个经典的行星环如此大，宽度超过了 4.6×10^4 km。现如今我们知道，所谓的 A 环、B 环、C 环（1850 年被发现）等只是人们根据行星环的宽度大体划定的，事实上土星环被分成了数以千计的小环，每一个小环都是由无数大小不一的小冰块组成的。土星看起来就像是被一圈巨大的碎冰云环绕着。不少学者认为，从宇宙时间尺度上来看，土星带环只是一种暂时的现象，土星环是一颗或多颗彗星被扯碎后形成的。土星环在土星的洛希极限内，是土星的潮汐力把“易碎天体”扯碎后形成的。

由于土星到太阳的平均距离几乎是木星到太阳平均距离的 2 倍，土星的大气层更难受热。

土星是典型的有环行星——难以计数的碎冰环绕着土星，形成薄薄的环

因此氨液会在土星上层大气中发生冷凝而形成氨冰，并且氨冰云之上留有足够的空间来形成尘埃层，这就使得我们的视线难以穿透。这也就造成了人眼可见的土星大气层并不像木星大气层那样丰富、绚丽。但如果我们使用红外天文观测手段，土星也会呈现出与它的大哥——木星相似的云带。土星大气层也曾发生过巨型风暴，比如在 2011 年时，一个巨型风暴就曾出现在土星尘埃层之上，为地球上的我们提供了一道壮丽的风景。

土星内部构造与木星大体相似。在土星地表以下约 1000 km 处，大气由气态转为液态。与木星相比，土星质量较小，引力也较小，液态氢层也就厚很多。科学家猜测，一直到地面以下 3.2×10^4 km 处，才会从液态氢层过渡到金属氢层。再往下的岩石核很可能并不比地球内核大，并且很可能还被 1.2×10^4 km 厚的冰层包裹着。

土星向它周围的宇宙空间辐射的能量几乎是它从太阳那里所获能量的 2 倍。基于氢和氦会像水和油一样在特定条件下发生“反乳化”[1]作用，科学家建立了一个理论模型：氢和氦的分离可能发生在液态氢层与金属氢层的分界处。该处的液态氦滴在地心引力的作用下向土星内核沉降，引力能[2]被释放，以热量的形式向上层传递，最终辐射到土星周围的宇宙空间中。这一“氦雨理论”还不能直接应用到木星上，因为木星中液态氢层与金属氢层分界面的温度要比土星中的高出大约 2000 度。

2011 年土星上发生的风暴

在首架土星探测器到达土星之前，我们已经发现了 10 颗土星卫星。到目前为止，我们一共发现了 62 颗土星卫星。土卫六是这些卫星里最大的一颗，直径为 5150 km，它甚至拥有自己的大气层，大气压是地球大气压的 1.5 倍。另外还有五颗较大的土星卫星，直径在 1050~1530 km 之间，其余小卫星的直径则只有数百千米，有的甚至只有数十千米。引人注意的是，当卫星直径小于 400 km 时，卫星的形状就会从球体变成不规则体。直径为 390 km 的土卫一尽管因为具有一个巨大的陨石坑而有点变形，但勉强还算是球体；而平均直径约为 290 km 的土卫七则是一个尺寸为 410 km × 260 km × 210 km 的椭球体，看来它自身的引力尚不足以使自己成为球体。

土星的观测

散发着淡黄色光芒的有环行星——土星，

1 指两种不相溶的物质混合在一起后，分散相的小液滴逐渐聚集成大液滴，两种物质最终发生分离的过程。
2 引力能的本质就是势能。

视直径在 14.9"~20.8" 之间，我们用天文望远镜可以看到它跟木星一样的云带，但它的云带不如木星那样鲜明，有点儿暗淡、模糊。

土星最显著的特征当然是它的土星环，其位于土星赤道平面上，本身极薄。当土星环正好侧对地球时（土星每公转一周会出现 2 次这种情况），我们从地球上完全看不到土星环。当土星环倾斜着朝向地球且视宁度较好时，我们使用 10 cm 口径的望远镜就能观测到卡西尼环缝——土星环中的一条黑暗的缝隙。与木星不同的是，土星的自转轴较为倾斜。在土星绕太阳公转的一个周期（将近 30 年）里，我们有时能看到它的南极，有时能看到它的北极，这些时候也正好是我们观测土星环的最佳时机。有人认为土星是太阳系里最美丽的天体，许多人都赞同这一看法。

土卫六绕土星公转一周只需要 15 天多，因此，我们很容易就能通过望远镜观测到它的移动。在观测条件良好的情况下，我们使用 20 cm 口径的天文望远镜，最多能够辨认出 9 颗土星卫星。我们可以查询天文年历来获得较为明亮的土星卫星的实时位置。

土星周围环绕着许多卫星，我们可以用天文望远镜观测到其中的几颗。土星最亮的卫星是土卫六

在土星环相对地球倾角最大时，我们用普通的天文望远镜就能看到它大致的结构：我们不仅能看到土星投到环面的阴影（见星体左侧），还能看到环内黑暗的缝隙（即卡西尼环缝）

天王星、海王星和冥王星

天王星

1781 年，德国天文学家威廉·赫歇尔发现了天王星。起初，赫歇尔认为这个星图上没有给出的光点是一颗彗星，因为当时的人们认为在土星轨道外侧还存在未知行星这件事很荒谬。天王星绕太阳公转一周需要大约 84.7 年，与太阳之间的平均距离约为 2.88×10^9 km 或 19.3 AU。天王星直径达 51 118 km，大约是地球直径的 4 倍。它的自转轴非同寻常，轴倾角高达 98°，这意味着，不仅它的两个极区有极昼极夜现象，它的中纬度地区甚至亚热带地区都会出现极昼极夜现象。天王星的自转周期只有 17 小时 14 分钟，在它的某些纬度地区，太阳可能连续 42 年高悬于天空。从天王星上看过去，太阳虽然只是远方的一个光点，但是它看起来还是比满月亮得多。我们用哈勃空间望远镜的红外摄影技术拍摄的照片显示，天王星大气层也有类似于木星和土星的云带，不过它厚厚的尘埃层严重干扰了我们的观测。

在 1986 年 1 月旅行者 2 号空间探测器飞掠天王星之前，天文学家们已经知道天王星有 5 颗卫星和 9 个行星环，天王星的环系统是在 1977 年被发现的。后来天文学家们又相继发现了天王星另外 22 颗卫星和 1 个行星环。然而与土星环不同的是，组成天王星环的颗粒并没有被冰覆盖。因此，天王星环反射太阳光的能力比土星环弱得多。在地球上用肉眼直接看的话，我们几乎看不到天王星环。

天王星的平均密度与它的大哥——木星相近，但比木星含有更高比例的岩石。人们目前推测天王星有一个直径大约为 1×10^4 km 的岩石核，岩石核外包裹着大约 1.25×10^4 km 厚的由甲烷、氨和水冰构成的地幔，再往外是 7500 km 厚、由液态氢和氦构成的外壳，然后逐渐过渡到由气态氢和氦构成的大气层。

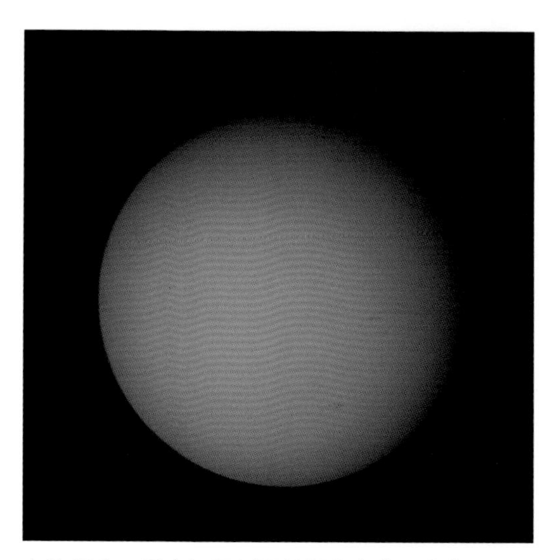

在旅行者 2 号空间探测器拍摄的这张照片中，天王星的表面看上去光滑无物

海王星

与天王星不一样，海王星不是人们通过观测偶然发现的，而是人们基于科学计算的结果找到的。由于天王星的运动一直存在难以被解释的干扰，人们这才发现了海王星。1846 年夏天，法国天文学家尚·约瑟夫·勒维耶将他的计算结果分享给几个同行，其中就包括柏林天文台的天文学家们。后者真的在距离勒维耶预言的位置的不远处找到了一个星图上原本不存在的暗弱光点，这个光点一夜一夜持续不断地运动着——就这样，人类发现了太阳系的第八颗行星——海王星。

海王星绕太阳公转一周需要 165.5 年，与太阳的平均距离约为 4.51×10^9 km（约合 30.1 AU）。它的直径为 49 424 km，比天王星的直径略小。但是它的质量却超过天王星，这说明它一定含有更多的重元素。科学家们目前只能推测海王星的内部构造。有些科学家认为，海王星的内部可能是由固态的甲烷、氨、水和岩石非常均匀地混合在一起的，外面包围着一层相对较薄的、由氢气和氦气构成的大气层。大气层中少量的甲烷赋予海王星海一样的蓝色。旅行者 2 号空间探测器拍摄到了海王星表面的一个“大暗斑”，但是后来哈勃望远镜对海王星进行拍摄时，这个暗斑却不见了。

在 1989 年 8 月旅行者 2 号空间探测器飞掠海王星之前，人们已经发现了海王星的两颗卫星和几处不完整的环结构。如今，人们发现的海王星卫星已经增加到了 13 颗，由圆弧片段组成的行星环有 7 个。

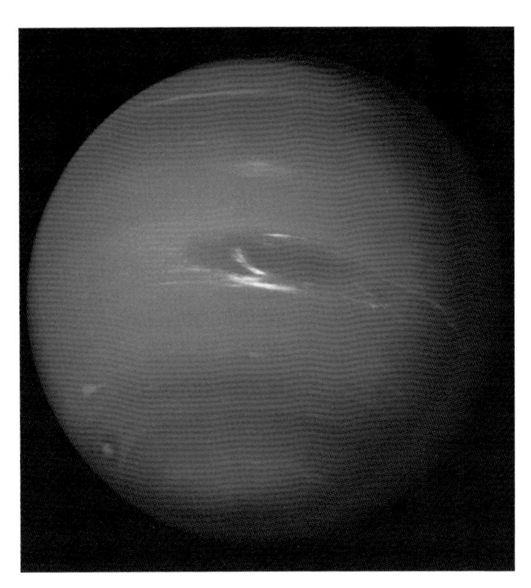

海王星是太阳系中第二颗蓝色的行星，然而它的蓝色并不是由水造成的

冥王星

1930 年，美国人克莱德 · 威廉 · 汤博发现了“第九颗行星”——冥王星，这一发现使得太阳系的边界再次向外扩展。冥王星在一个偏心率非常大的椭圆形轨道上绕太阳公转，它会周期性地（上一次是在 1979~1999 年之间）进入海王星轨道内侧。它处于远日点附近时，与太阳的距离是日地平均距离的近 50 倍（即约为 7.38×10^9 km）。冥王星绕太阳公转一周需要 247.7 年。

2006 年 8 月，冥王星失去了它的行星地位，因为它并不是太阳系边缘区域里唯一的天体。到 2013 年，冥王星所在的柯伊伯带已经有超过 1250 个天体被发现。直径约为 2300 km 的冥王星并不是柯伊伯带里最大的天体，但它是迄今为止人们在柯伊伯带发现的天体中最亮的一个，所以人们对它的发现远早于柯伊伯带里的其他天体。

目前我们已知冥王星有 5 颗卫星。1978 年被发现的冥卫一，直径为 1200 km，比冥王星直径的一半略大。冥卫二和冥卫三是在 2005 年被哈勃空间望远镜发现的，它俩明显比冥卫一小得多（直径在 100~150 km 之间）。冥王星另外两颗更小的卫星直径在 10~40 km 之间，分别于 2011 年和 2012 年被发现。

冥卫一与冥王星之间相距不到 2×10^4 km，绕冥王星公转一周需要 6.4 天；而冥卫二和冥卫三与冥王星之间分别相距约 5×10^4 km 和 6.8×10^4 km，公转周期分别为 24.9 天和 38.2 天。新视野号空间探测器于 2015 年夏天飞掠冥王星，从近处对其进行了勘查。

冥王星——海王星轨道外侧的矮行星，于 2015 年夏天接受了来自地球的拜访。新视野号空间探测器发来的照片首次为我们呈现了冥王星的真面目

天王星、海王星和冥王星的观测

我们本来可以直接用肉眼看到视星等在 5.6~5.9 等之间的天王星，但它常常被“淹没”在一大片暗弱的星点中。在天文望远镜里，这颗遥远的行星呈现为小小的、没有明暗区带的、发绿的微小圆盘，视直径在 3.3"~ 4.1" 之间。天文爱好者只有在非常大的设备和图像处理技术的帮助下，才能辨认出它模糊的云带结构。

天王星为数众多的卫星中，能被 20 cm 口径的天文望远镜分辨出来的，顶多只有 3 个。它最亮的卫星——天卫三的视星等勉强为 13.7，即使是训练有素的观测者，想看到它也很困难。而观测到天王星暗淡的行星环对天文爱好者来说是难以企及的。

海王星是太阳系中除地球以外的第二颗蓝色行星。天文爱好者要想观测到它就更难了：它比天王星更小，与地球之间的距离是天王星与地球之间距离的 1.5 倍，在天文望远镜里只有 2.2"~2.4" 这么大。对口径至多为 6 cm 的小型望远镜来说，它的视直径已经处于设备分辨能力的极限，用这样的望远镜几乎无法将它作为一颗星星从宇宙背景中分辨出来。我们观测海王星，除了能收获“曾经找到过它”的成就感以外，不会有更多的成果，尽管它的视星等在 7.8~8.0 之间，其实已经亮到能被一副高品质的双筒望远镜观测到。海王星的卫星中，只有海卫一的视星等达到 13.5，我们可以用 20 cm 口径的天文望远镜观测它。海卫一绕海王星一周需要将近 6 天。

天王星，由 356 mm 口径的天文望远镜拍摄

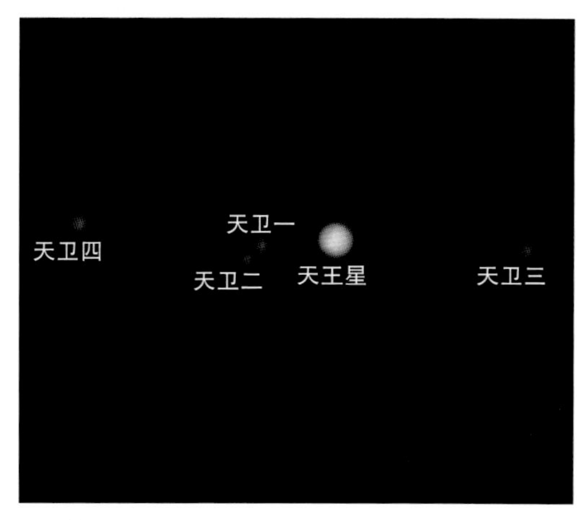

业余摄影：天王星和它的卫星们

海王星和它的卫星海卫一

远离太阳的冥王星实在是太小了，它的视直径只有 0.1"。一直以来我们看到的冥王星只是一个模糊的光点，它最亮时视星等为 13.5。每一位拥有口径为 20 cm 以上的天文望远镜的天文爱好者应该都曾经尝试过寻找冥王星。我们在搜寻冥王星时，一张局部星图或者一张带有精确星历表的星图是必不可少的。

小行星

18 世纪下半叶，天文学家们开始对火星与木星之间的一个明显的空白地带好奇。时任德国维滕贝格大学教授的数学家提丢斯提出了一个数列公式，这个公式能够很好地描述每一颗行星到太阳的平均距离，而根据该公式，火星轨道与木星轨道之间还有一个“空缺位置”。1781 年天王星的发现更好地验证了这个公式，一些天文观测者也因此大受鼓舞，有目的地去寻找这个“空缺位置”上“缺失的行星”。很快，1801 年 1 月 1 日，意大利天文学家朱塞普 · 皮亚齐在火星轨道与木星轨道之间发现了第一个“填补空白者”，人们称其为“谷神星”。一年后，德国天文学家海因里希 · 奥伯斯在此处发现了

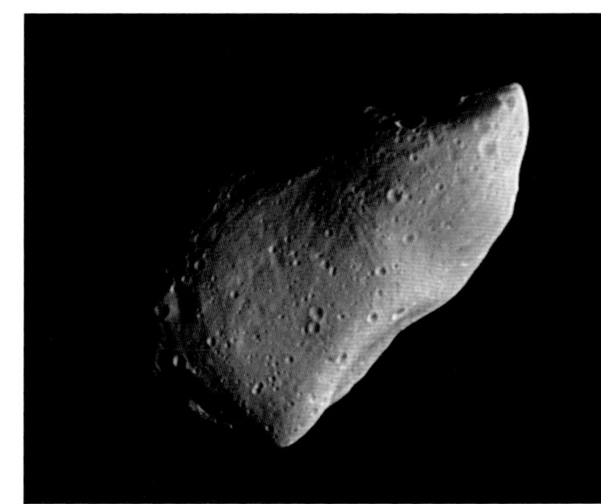

小行星加斯普拉于 1991 年掠过伽利略号空间探测器，这也是人类第一次近距离拍摄到小行星

第二个天体——智神星。1807 年，又有两个天体——婚神星和灶神星被发现。它们都在火星轨道与木星轨道之间的地带围绕太阳转动。它们的亮度都很小，只有灶神星有时能被肉眼看见。但是很显然，灶神星也不符合我们定义的行星的标准。只有这一带最大的天体——谷神星，原被认为是太阳系已知最大的小行星——直径为 975 km，从 2006 年起被“提拔”为与冥王星一样的矮行星。位于火星轨道和木星轨道之间的其余天体被统称为“小行星”。

迄今为止已有超过 3.5×10^5 颗小行星被人们发现，它们中的绝大多数位于火星轨道与木星轨道之间。但是也有“离经叛道者”冲向了太阳，其轨道甚至会与地球轨道相交。地球上不断有这类“近地小行星”（简称 NEO 或者 NEA）来访，部分撞击事件甚至造成了严重的后果。如今我们推断，白垩纪末期包括恐龙在内的第五次生物大灭绝，就是一颗直径超过 10 km 的小行星撞击地球并引发一系列后果造成的。因此，

我们需要密切关注近地小行星中那些直奔地球而来的“神风敢死队员”，以尽可能提早发现潜在威胁，并在必要时做好防御措施。

目前，在木星轨道外侧，我们也发现了小行星家族中的一些成员。它们中的一些，被我们称为“半人马小行星”，在木星轨道或土星轨道与海王星轨道之间绕着太阳运行。而另一些位于海王星轨道之外的小行星则被我们称为“柯伊伯带小行星”，所谓的柯伊伯带一直延伸到冥王星轨道之外。这些“海外天体”（简称 TNO）是短周期彗星的前身，而半人马小行星极可能是前两者的中间状态。

小行星的观测

要想观测某颗小行星，先要在茫茫星海中找到它。我们将已知的每一颗小行星都编了号（到 2013 年初，大约有 2.7×10^5 颗小行星被编了号），有的小行星（不是所有的小行星）还拥有自己的名字。小行星可以由它的发现者命名，但用的并不是发现者本人的名字。我们只有观测到同一颗小行星至少两次，才算是发现了这颗小行星。然而我们并不能仅仅根据这两次观测结果就确定小行星围绕太阳运行的轨道。很多天文爱好者致力于发现尽可能多的小行星和确定它们的运行轨道。其实每年都有大量新的小行星被天文爱好者发现！

小行星的轨道数据一旦被确定了，就会被收录到天文软件（比如“The Sky”“Guide”或“Redshift”）的数据库里。而那些相对较亮、被发现很久的小行星的坐标值和局部星图，我在天文年历里就能找到。这样，我们随时可以根据某颗小行星的坐标值和它与天空中背景恒星的相对位置来寻找它。使用赤道仪上的定位刻度盘，或者通过计算机辅助软件，又或者采用“星桥法”，我们就能锁定这颗小行星。

小行星体积小且离地球很远，我们不可能辨认出它们的细节特征，在我们眼中它们只能以光点的形式存在。然而它们相对背景恒星来说运动得很快、很明显。特别吸引人的是小行星离某颗亮星非常近且经过这颗亮星的时候，此时也是人们寻找小行星的最佳时机，我们能在望远镜的目镜中直接看到小行星在移动。有时小行星甚至会掩食某颗恒星，此时这颗恒星就会消失数秒或数分钟。由于小行星的直径最大也只有数百千米，上述这种小行星掩食某颗恒星的情况，就像日食一样，地球上往往只有非常狭窄的条带区域内的人们才能看得到。

我们用双筒望远镜就可以看到最亮的小行星（主要指灶神星）。想要看到其他小行星，使用一架小型天文望远镜就可以了。

许多星空照片上都会出现偶然闯入地球大气层的小行星留下的一段短短的星迹。如果小行星本身形状不规则，有时我们能看到它细微

在星空照片中，小行星往往因为自己的移动而暴露行踪。这是一张合成图，合成了 6 张照片，所以小行星 335（335 Roberta）在图中并没有被拉伸成一道轨迹

的、周期性的亮度变化，这可以帮助我们更详细地研究小行星、确定小行星的自转周期。

流星

夜空中常有流星倏忽划过，短暂地留下一道光迹。8 月的流星尤其壮观，因此我们将 8 月称为“流星月”。很显然，流星并不像我们早先以为的那样，是从天上坠落的星星。我们不如说它是来自宇宙深处的碎小物体，穿越了浩瀚星海，最终将自己的旅程终结于地球大气层。

流星的本质

宇宙中的碎小物体被我们称为流星体，它们一般比微小的尘粒大，但是比中等大小的石块小[1]。

流星体在太阳系内运动时，很可能会以 10~70 km/s 的相对速度与地球相撞。这些流星体中较大的，大小都快赶上小行星了。科学家估计，每天有超过 1×10^4 t 来自外太空的物质掉落到地球上。

我们之所以将宇宙中的这些碎小物体称为流星，是因为它们进入地球大气层后会发光。流星中特别明亮的被我们称为“火流星”，有的甚至比满月还亮，我们在白天都有可能看到。流星在燃烧殆尽之前，会扎入地球低层大气，甚至会在地面上方 10~50 km 处爆炸。有时，它们还会在高层大气中留下一道长长的云雾状余迹，这些余迹数分钟后才会被高空风吹散。庆幸的是，大多数流星都很小，它们侵入地球大气层后，一般会在地面上方 80~120 km 的高空瓦解。流星越大，发出的光就越亮。而且较大的流星极有可能不能在地球大气层中完全燃烧，残余的部分会作为陨石坠落到地面上，有时候甚至会在地面上砸出陨石坑，就像远古时期发生的那样。

寻常的夜晚，我们在 1 个小时内至少能看到数颗流星从不同的方向划过天空，这些流星都是偶发流星。但流星并不都是单独现身的，它们也会像雨水一样涌现。当流星群轨道与地球轨道相交时，就会出现这种景象——流星体在太阳系中成群结队地沿着彼此相邻的平行轨道运动，数小时内大量闯入地球大气层，形成了流星雨。我们从地面上看过去，一场流星雨

一颗明亮流星的云雾状余迹渐渐消散在高空风中

1 国际天文联合会对流星体大小的官方描述是：“体积比小行星小但比原子和分子大”。英国皇家天文学会明确规定流星体“直径在 100 μm 至 10 m 之间”。

澳大利亚亨伯里陨石坑群的一个陨石坑

来自美国亚利桑那州巨型陨石坑的铁陨石

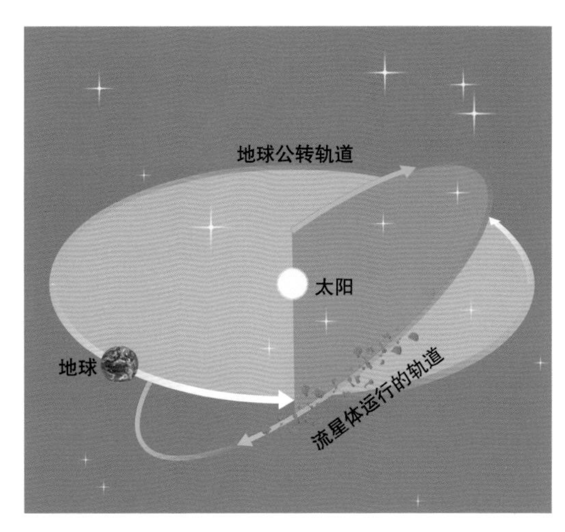

流星体在固定的轨道上围绕太阳运行。当它们的轨道与地球轨道相交时，地球上就会出现流星雨

中的所有流星都好像是从天空中同一个点射出来的，这个点就是流星雨的辐射点。

我们是根据流星雨辐射点所在的星座来对流星雨进行命名的。英仙座流星雨的辐射点位于英仙座，狮子座流星雨的辐射点位于狮子座。一场流星雨的爆发一般发生在数小时或数天内，流星雨的持续时间取决于地球穿过这个流星群的时长。第 113 页的表格中详细列出了每年主要流星雨的信息。

不同流星群中流星体的运行速度不一样，流星体的运行速度是由地球轨道与流星群轨道之间的夹角决定的。流星群中的流星体很可能

2001 年狮子座流星雨发生时，澳大利亚的观测条件非常好。我们还能从图中看到半人马座最亮的两颗恒星——南门二（半人马 α）和马腹一（半人马 β）

这张长时间曝光的照片中有多颗流星，清楚地显示出该流星雨的辐射点位于狮子座

主要流星雨

名称	辐射点所在星座	高峰时间	流星数（颗 / 小时）	速度（km/s）
象限仪座流星雨	牧夫座	1 月 3 日	100~200	40
天琴座流星雨	天琴座	4 月 22 日	10~20	48
宝瓶 η 流星雨	宝瓶座	5 月 4 日	35~60	65
宝瓶 δ 南支流星雨	宝瓶座	7 月 29 日	30	41
英仙座流星雨	英仙座	8 月 12 日	70	65
猎户座流星雨	猎户座	10 月 21 日	30~40	60
狮子座流星雨	狮子座	11 月 17 日	15~10 000	70
双子座流星雨	双子座	12 月 13 日	60	40

是彗星沿着自身轨道一路抛洒的碎片。比如说宝瓶 η 流星雨（辐射点在宝瓶座）和猎户座流星雨是哈雷彗星带来的，英仙座流星雨是斯威夫特－塔特尔彗星带来的，狮子座流星雨则是坦普尔－塔特尔彗星带来的。

流星的观测

观测流星时最好不要借助任何光学设备。因

为望远镜的视场太小，所以观测流星时使用双筒望远镜和天文望远镜都不会比用肉眼直接看的体验更好。一颗明亮的流星恰好经过望远镜视场的概率极小，哪怕我们使用的是广角目镜。

想要成功观测到流星需要哪些条件呢？首先，当然是要有一片清澈而黑暗的夜空，要尽量远离那些会把天空照亮的干扰光源。这样的话我们连 5~6 等的流星都能看到。其次，要有足够的时间和耐心。虽然天文年历里给出了流星雨流量达到峰值的确定时间，但是实际上这一时间可能会提前或滞后数小时。我们建议你提前一段时间就开始观测，流星雨理论上的高峰期过去后，你还应再继续观测一段时间。

观测流星雨时我们应着重注意两个方面：科研价值和个人体验。我们这里只讨论个人体验。我们看到的流星越多、越明亮，就意味着个人体验很美妙。8 月英仙座流星雨到来之际，我们每个人都可以在晴朗的夜晚好好体验一把。另外，每 30~35 年，狮子座流星雨就会给我们带来一场难忘的视觉盛宴。平常年份，狮子座流星雨每小时只有少得可怜的 15 颗流星；可是在 1998~2002 年间，狮子座流星雨出现时 1 小时内有 8000 颗流星在天空中绽放！ 1966 年甚至还曾发生过一次真正意义上的“流星暴”，每小时有 2.4×10^5 颗流星划过天空！当然，这是极其罕见的天文现象，比同样令人激动的日全食还要罕见。为了好好观测流星雨，我们必须找到合适的观测地点——那里的夜空必须足够黑暗，而且发生恶劣天气的概率要很小。如果流星雨发生时正好处于我们的地平线以下，那么我们是看不到的，地球另一面的人们才能看到。

流星的系统性观测

系统地观测流星会给我们带来很多乐趣，尤其是加入一个流星观测小组，与其他观测者一起观测时。我们可以平躺在一把躺椅上，舒舒服服地望向天顶，然后在一张全天星图或者多张放大的局部星图上，画出较亮的流星运行的轨迹。如果以小组为单位进行观测，我们可以让小组里的一位成员负责一部分天区，并且每位成员都记下一段时间内自己所观测到的流星数。这个时间段是大家提前约定好的，比如每 5 分钟记录一次。如果流星雨的流量不是很大，我们还可以在星图上画出流星运行的轨迹。观测结束后我们要对观测结果进行统计分析：将每一时间段内所有人观测到的流星数汇总后，根据这些数据绘成一条流量曲线，以反映随着时间的推移流星雨流量的变化情况。我们如果将星图上画出的流星的轨迹反向延长，就会发现：一场流星雨中所有流星的轨迹都大致相交于一点，也就是这场流星雨的辐射点。

彗星——宇宙的流浪者

彗星是一种极为迷人的天体，在古代曾被人们称作会带来不祥的“扫把星”。它是太阳系中的小型天体，我们通常可以对最近一段时间内即将出现的彗星进行预测。

许多彗星的光芒极其暗淡，我们如果能在双筒望远镜中捕获它的身影，是非常幸运的。如果来访地球的恰好是一颗非常明亮的彗星，那么它将为我们呈现一幅壮丽的天文胜景。过去数十年间曾光顾过地球的著名彗星有：1965 年的池谷 - 关彗星、1976 年的韦斯特彗星、

1996年的百武彗星、1997年的海尔－波普彗星和2007年的麦克诺特彗星。极少数情况下，我们在白天也能看到彗星。除此之外，还有很多中等亮度的彗星曾经来访过地球，但是我们中的大多数人都无法看到它们。就连天文学家们在发现一颗彗星后，也无法精确地知道它将来到底会有多亮。抱有很高的期望最后失望的情况在所难免，并且屡屡发生。2013年曾被作为明亮的彗星预言的泛星大彗星和艾森彗星，前者后来被证明确实很亮，视星等达到了2等，而后者的亮度则远远低于人们预期的亮度。

丘留莫夫－格拉西缅科彗星的彗核，由罗塞塔号空间探测器拍摄

彗星的本质

彗星的典型特征是它的彗发和两条彗尾。彗核是一个直径只有数千米的小天体，我们用天文望远镜也无法看到。彗核是由冷冻的气体、冰和尘埃构成的团块，所以我们又将它称为“脏雪球”是有理有据的。这个外形不规则的团块被包裹在云雾状的、散发着淡绿色光辉的彗发中间。

有些彗星，即周期彗星像行星一样绕着太阳运动，它们的椭圆形轨道的偏心率很大，也就意味着此类彗星在短暂远离太阳一段时间（数天、数周或数月）后，会再次向太阳靠拢。人们把周期彗星分为两种：公转周期长于200年的长周期彗星和公转周期短于或等于200年的短周期彗星。

除了周期彗星外，我们还发现了一些非周期彗星。迄今为止我们都没有弄清楚这些非周期彗星的运动规律。它们来自海王星轨道外侧的区域，轨道被气态巨行星们改变，因此径直向太阳飞去。

彗核沿着自己的轨道运行到太阳附近的过程中受热蒸发，先形成了显眼的彗发，然后形成了彗尾。气体分子以大约1 km/s，也就是3600 km/h的速度从彗核表面喷发出来，并且夹带着尘埃。气体分子和尘埃粒子会先形成一层云雾状的外壳，这层包裹着彗核的外壳就是彗发。

彗发会受到不同因素的影响。其中一个影响因素是不断从太阳表面抛射出来的太阳风，太阳风其实是速度高达400 km/s的带电粒子流，能促进行星间磁场的形成。彗发受太阳风影响的结果就是：其中同样带电的气体分子被太阳风的带电粒子拖曳，形成了散发着蓝色光芒的气体彗尾。

另一个对彗发产生重要影响的因素是太阳辐射，它的作用对象是彗发中的尘埃粒子。尘埃粒子质量极小，它们被太阳的辐射压力推离彗发，偏离自己的轨道，并且始终处于太阳的辐射压力下，这样就形成了散发着黄白色光芒

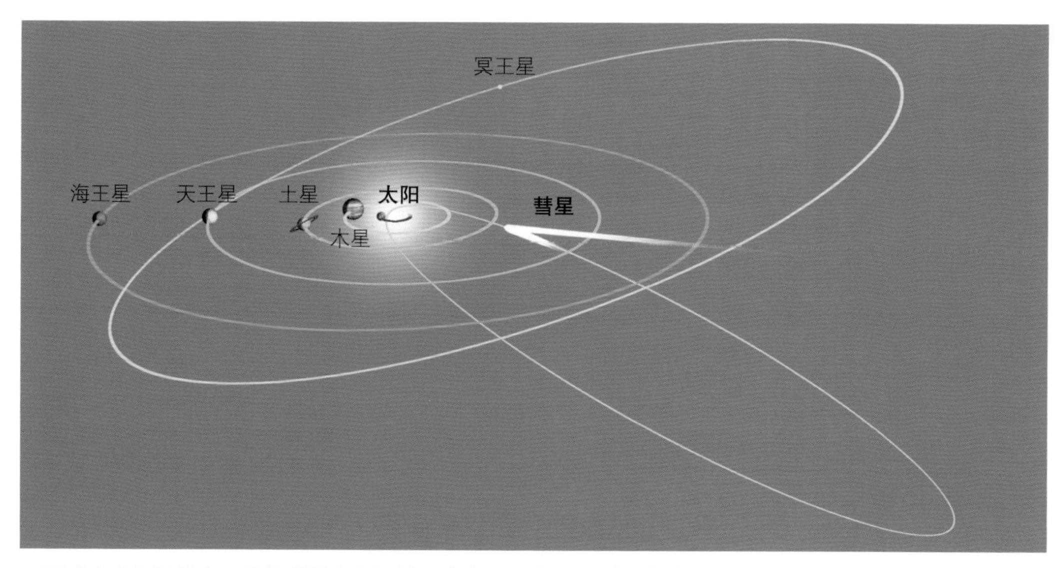

一颗“冰球”沿着自己的轨道从宇宙深处飞向太阳，在这一过程中它表面的易挥发性物质受热蒸发，形成众所周知的彗尾

的尘埃彗尾。气体彗尾几乎是笔直地背离太阳的，并且自身能够发光；而尘埃彗尾有时会弯曲得很厉害，并且只能反射太阳光。

海尔－波普彗星的结构

彗星小而暗淡，我们只能看到它的彗发，彗发有时朦胧而弥散，有时又很集中。即使是明亮的彗星，也并不都像海尔－波普彗星那样同时拥有两条异常壮观的彗尾。比如说韦斯特彗星，它有一条在空中跨越约 28° 的、非常明亮的尘埃彗尾，但气体彗尾相当暗淡。百武彗星则向我们展示了它在空中跨越约 60° 的气体彗尾，但它的尘埃彗尾相当短小。构成每颗彗星的气体与尘埃的比例均不相同，因此，我们很难预测彗星的外观。因为不同彗星的活跃度以及与地球和太阳的距离不同，所以彗发的直径在 5×10^{5}~2.5×10^{6} km 之间。彗发在天空中的视直径高达数度，有时候彗尾甚至能够绵延数亿千米。

长周期彗星或者从海王星轨道外闯入里侧的非周期彗星往往是“新鲜出炉”的，基本没有被损耗，因此非常明亮。彗星在同时靠近太阳和地球的时候最美。短周期彗星因为已经绕太阳转了数千次甚至上百万次，表面的挥发性物质已经被损耗得差不多了，所以往往很暗淡。每年我们都会新发现数十颗彗星，它们往往是被天文学家们用大型巡天望远镜发现的，不过也有被热心的天文爱好者发现的。大多数彗星的视星等都超过 10 等，较暗弱。

彗星的观测

某颗彗星的轨道一旦被计算出来，它的轨道参数和相关的星历表就会被专业的杂志和网站收录。除了重要的位置参数，从星历表上我们还能知道天文学家预估的彗星的亮度（总是不确定的）以及它与太阳和地球的距离。要想成功寻获彗星，我们要像寻找小行星一样借助星图，它能够帮助我们认识我们较陌生的天体。

彗星的系统性观测

某颗彗星被我们发现后，往往会在数周或数月内向太阳和地球不断靠近，然后消失在茫茫宇宙中。我们可以长时间地跟踪观测它的发展变化情况，记录下它在亮度和外观上的改变，然后对观测结果进行分析和评估。观测数次后我们就不会再在彗星的搜寻上花很多时间了，因为通常来说，彗星在背景星空中移动得很慢，我们通过背景恒星很快就能找到。

我们一旦找到了彗星，就可以开始进行详细的观测了。我们要着重观测以下三个方面：彗星的亮度、彗发的外观和彗尾的长度。我们可以这样预估彗星的亮度：先找数颗亮度已知的恒星作为参考，并且这些参考恒星要与彗头[1]看起来差不多大，然后根据参考恒星的亮度来粗略估计彗星的亮度。我们可以先比较参考恒星与彗星的亮度：X 星比彗星略亮一些，Y 星比彗星略暗一些。然后查出这两颗参考星的视星等，预估彗星的视星等范围。尽可能地长期持续观测某颗彗星后，我们可以自己绘制一幅彗星亮度曲线图。

有些彗星的彗发几乎呈光点状，而有些的呈弥散状，当然也有些的处于这两种状态之间。相关的衡量参数就是“彗发凝结度”（DC），被分为 0（完全不向中心凝结，非常弥散）到 9（凝结成光点）一共 10 个级别。

我们可以通过比较彗发与背景恒星来确定彗发的视直径，其与恒星的间距我们可以在星图上量得。在这里我们建议你在纸上画一幅草

洛夫乔伊彗星，照片摄于 2015 年 3 月 12 日。我们可以在照片中清晰地看到洛夫乔伊彗星绿色的彗发和蓝色的彗尾

1 彗头由彗核和彗发两部分构成，有时最外层还有彗云。

彗星 C/2012 K5（LINEAR）

视星等（+）和彗发视直径（◇）

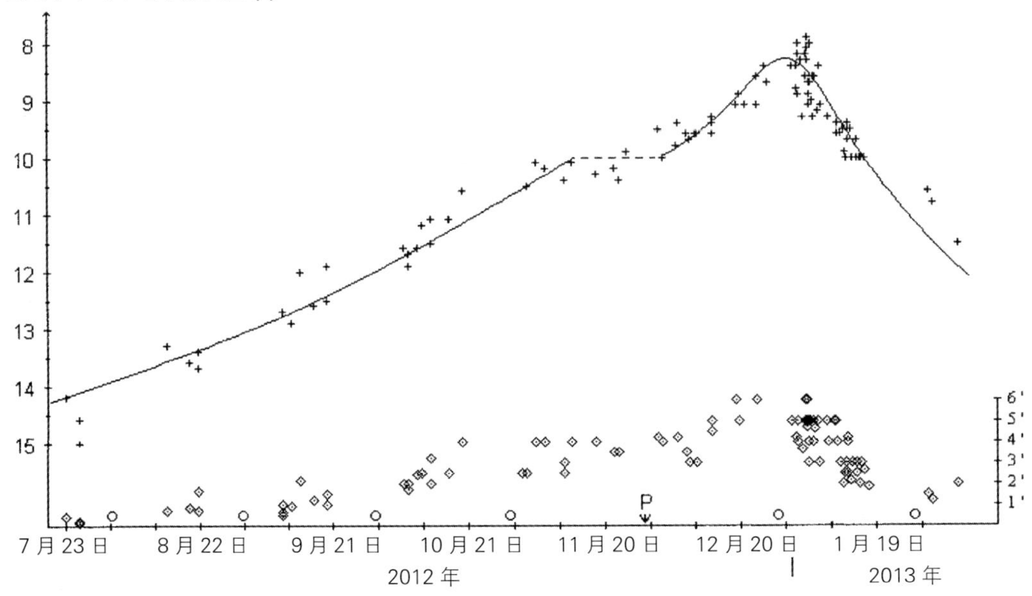

德国星友协会彗星观测小组收集了一些有关彗星 C/2012 K5（LINEAR）的观测数据，并根据这些数据绘制出该彗星视星等（上）与彗发视直径（下）的时间变化图

图，标明彗发与背景恒星的位置。正如进行其他所有观测时要做的一样，你还要记录下天空中此时可见的最暗弱的恒星的视星等，因为天空本身的亮度会严重影响对彗星亮度的预估。还有一个方法就是购买可以精确测出夜空亮度的先进的测量仪器。

有时我们一眼就会发现，随着时间的推移彗星发生变化了：彗发的 DC 值和亮度都会发生剧烈的变化。例如，百武彗星曾在 24 小时内突然变亮，星等值减小了 1 等。

即使是暗弱的彗星，也至少会显现一条短彗尾。根据背景恒星，我们可以确定彗尾的可见长度。观测那些用肉眼就能看到的明亮彗星则更有趣。这些明亮彗星的彗发中心会呈扇形、环形、放射状或弧状等。彗发中心的形状变化得非常快，这有助于我们了解彗发的发展变化情况。

彗星的运动

只有用双筒望远镜或天文望远镜才能看到的暗弱彗星大多距离地球十分遥远，因此，它们在背景星空中的运动看上去十分缓慢。当然，也会有彗星在离地球仅数百万千米的地方短暂掠过。1983 年来访的 IRAS- 荒木 - 阿尔科克彗星只光临了地球 3 天。1996 年，百武彗星来访地球的时间也很短：它离地球最近时仅与地球相差不到 1.5×10^7 km。相比之下，1997 年海尔 - 波普彗星与地球就离得远了，它离地球最近时也与地球相差将近 2×10^8 km。直接用肉眼看一颗彗星是怎么在背景星空中运动的并

由于彗星相对背景恒星在快速运动，我们拍摄时，要想同时获得清晰的彗星图像和光点状的恒星图像，必须使用强大的图像处理技术

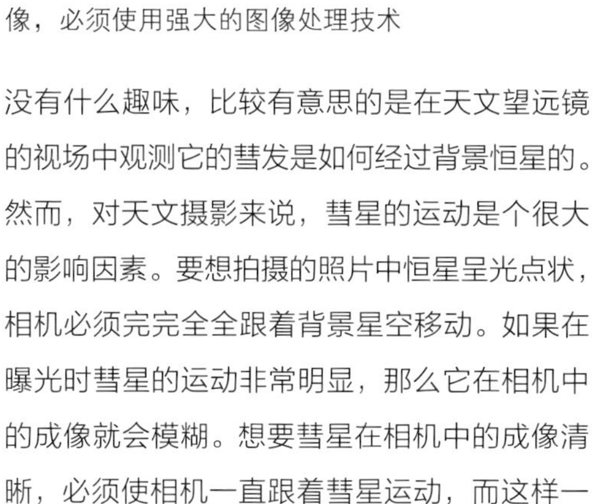

没有什么趣味，比较有意思的是在天文望远镜的视场中观测它的彗发是如何经过背景恒星的。然而，对天文摄影来说，彗星的运动是个很大的影响因素。要想拍摄的照片中恒星呈光点状，相机必须完完全全跟着背景星空移动。如果在曝光时彗星的运动非常明显，那么它在相机中的成像就会模糊。想要彗星在相机中的成像清晰，必须使相机一直跟着彗星运动，而这样一来背景恒星又将在照片上拖出一条条星迹。

海尔－波普彗星彗核的周围呈碗状

哈雷彗星在 1986 年来访地球时呈现出的壮观的绿色彗发

恒星、星云和星系

恒星——宇宙中的明灯

恒星不仅仅是点缀在夜空中的一个个简简单单的小光点。关于恒星，我们应该知道些什么？又可以通过自己的观测获得哪些体验？在这里我们将给出答案。

很久以前，我们一直认为恒星是水晶天球上的小洞，透过这些小洞向外看，我们可以看到包围着我们的宇宙之火在熊熊燃烧。现代天体物理学的相关研究让我们认识到，恒星其实是与地球相距遥远的、与太阳一样的星球，它们的能量来自于从氢到氦的聚变反应。古人曾认为通过恒星能预测人的命运，而现代天文学家可以计算出恒星的寿命。人类花了许多年才搜集到足够的证据，证明太阳是一颗恒星，或者说所有的恒星都跟太阳相似。然而我们所看到的太阳是一个圆面，它能放射出万丈光芒；而其他恒星，即使是在最大型的天文望远镜中也只是一个个光点，放射出的光芒不足以照亮漆黑的夜空。一直到 19 世纪中期，天文学家们才认识到，我们与恒星遥遥相望，而这距离要以光年来计算。在那之前人们或多或少地认为：太阳系——也就是我们的“宇宙”的最外侧就是土星，土星是那时人们已知的距离太阳最远的行星，而在土星的外侧，一个缀满恒星的天球包裹着我们这个“宇宙”。

恒星周年视差

▶ 恒星周年视差描述的是在相距 1 AU（即接近日地平均距离）的两点上观测某颗恒星所引起的方向上的差异，这颗恒星与这两点的夹角就是它的周年视差。我们看到的一年中某颗恒星相对背景星空中其他遥远恒星的位置移动距离，最多可达该颗恒星周年视差的 2 倍。周年视差（以角秒为单位）的倒数就是我们测得的地球到这颗恒星的距离（以秒差距为单位）。1 秒差距被规定为：以地球轨道平均半径为基线，周年视差为 1" 时恒星与地球之间的距离。1 秒差距约为 3.26 光年。

这个观点在 17 世纪末被英国天文学家埃德蒙·哈雷推翻了。他预言，有一颗彗星（后来这颗用他的名字命名的彗星——哈雷彗星十分著名）在围绕太阳的椭圆形轨道上运行，运行周期是 76 年。这意味着，当这颗彗星处于它轨道上的远日点时，与太阳之间的距离是土星与太阳距离的 3.5 倍。

遥不可及的恒星

1838 年，柯尼斯堡[1]天文学家弗里德里希·威廉·贝塞尔首次成功确定了一颗恒星到地球的距离。他利用测量土地的方法，从相距

1 柯尼斯堡（Königsberg）后来更名为加里宁格勒，现属于俄罗斯。

甚远的两点分别瞄准天鹅座的同一颗恒星，即天鹅 61[1]，发现存在微小的视差。他的测量原理可以用众所周知的“拇指测距法”来解释：向前伸直胳膊，举平，竖起拇指，轮流用左眼和右眼去观察远处的目标物，我们会看到拇指在目标物前方来回移动，拇指离眼睛越近，目标物移动的距离就越长。测量我们到周边某物的距离，双眼距作为基线就足够了；若要测量我们到数千米外某物的距离，基线长度需要增加到数十米；若要测量我们到月球的距离，基线长度则需要增加到数百千米。但要想测量我们到某颗恒星的距离，基线哪怕有地球直径那么长都远远不够。

贝塞尔花了几个月的时间，以地球绕太阳公转的距离作为基线，从而确保所取的基线尽可能地长。尽管如此，他所测得的视差还是比 1" 小得多！贝塞尔测得天鹅 61 的视差为 0.31"，从而推算出地球到天鹅 61 的距离为 3.2 秒差距。若要用日常距离单位来表示恒星到地球的距离，我们只要知道日地平均距离是多少千米就可以了。1 AU 接近日地平均距离，大约为 1.5×10^8 km。1 秒差距相当于 206 265 AU（这个数值由 1 AU 除以 1 角秒的正切值得出）或 3.1×10^{13} km。以千米为单位来描述恒星到地球的距离的数值过大，因此，天文学上经常以“光年”为单位，1 光年即光 1 年中以约 3×10^5 km/s 的速度在真空中走过的距离。1 年约为 3.16×10^7 秒，因此光在一年中走过的距离将近 9.47×10^{12} km。这样算来 1 秒差距相当于约 3.26 光年，根据贝塞尔的测算，天鹅 61 离我们约 10.43 光年，也就是说，这颗恒星发射的光到达我们眼中时，已经在宇宙中走了将近 10.5 年！

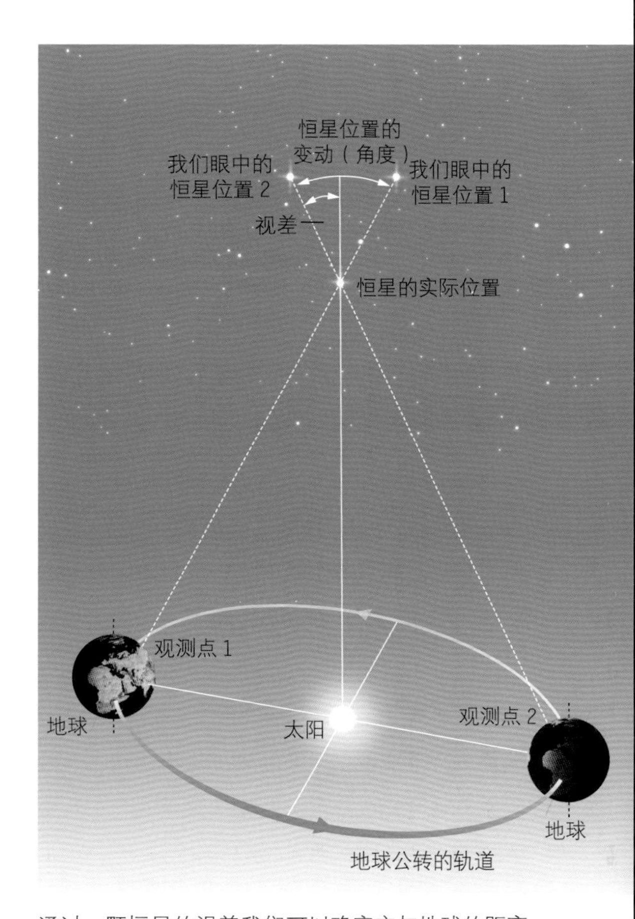

通过一颗恒星的视差我们可以确定它与地球的距离

遗憾的是，贝塞尔所测量的结果，准确度并不是很高，因为他所使用的天文望远镜以今天的标准来看十分简陋，而且他的望远镜是架设在地面上的，光线穿过地球大气层时还会发生偏折。20 世纪 90 年代欧洲空间局发射的天体测量卫星“依巴谷”号特别精确地测定了大约 1.2×10^5 颗恒星的视差。根据依巴谷的测量

1 天鹅 61 是一个位于天鹅座的双星。

结果，天鹅 61 的视差为 0.2854"，也就是说它距离我们 3.5036 秒差距或者 11.427 光年。2013 年由欧洲空间局发射的科研卫星“盖亚”号测得的数据更加精确。

绝对星等

天鹅 61 到地球的距离是太阳到地球距离的 70 万倍不止。在我们看来它比太阳暗弱得多并不奇怪，因为它只是一颗 6 等星，几乎不能被肉眼看到。但是，天鹅 61 究竟有多亮呢？在贝塞尔首次测量恒星到地球的距离后人们很快发现，恒星到地球的距离差异极大，我们所测量到的恒星亮度，或者说在我们眼中恒星的亮度，并不能代表它们的真实亮度——通过客观测量得到的数据也只是代表的恒星的“视亮度”。幸好我们知道光的亮度与它传播的距离之间的关系：亮度与传播距离的平方成反比。想要比较两颗恒星的真实亮度，就得把这两颗恒星放在一起，也就是说确保这两颗恒星到地球的距离相同。为此天文学家引入了“绝对星等”的概念，并规定恒星的绝对星等就是恒星距离地球 10 秒差距（32.6 光年）时的视星等。如果太阳离地球 10 秒差距（比现在远大约 200 万倍），它的亮度将减弱到现在的四万亿分之一。绝对星等的概念体系中使用了对数，恒星亮度相差 100 倍时绝对星等相差 5 等。因此，4 万亿倍的亮度差异即意味着那时太阳的视星等与现在的视

15 颗亮星

名称	赤经	赤纬	视星等	绝对星等	光谱型	到地球的距离（光年）
天狼星	$06^h45^m09^s$	−16°43'00"	−1.44	1.5	A1	8.57
老人星	$06^h23^m57^s$	−52°41'44"	−0.62	−5.5	F0	313
大角	$14^h15^m39^s$	+19°10'52"	−0.05	−0.3	K0	36.7
南门二	$14^h39^m36^s$	−60°50'00"	0.01	4.4	G2	4.35
织女星	$18^h36^m56^s$	+38°47'02"	0.03	0.6	A0	25.3
五车二	$05^h16^m41^s$	+45°59'52"	0.06	−0.5	G0	42.2
参宿七	$05^h14^m32^s$	−08°12'06"	0.18	−6.7	B8	770
南河三	$07^h39^m18^s$	+05°13'30"	0.40	2.7	F5	11.41
参宿四	$05^h55^m10^s$	+07°24'25"	0.45	−5.1	M0	427
水委一	$01^h37^m43^s$	−57°14'12"	0.54	−2.8	B5	144
马腹一	$14^h03^m49^s$	−60°22'23"	0.61	−5.4	B1	525
牛郎星	$19^h50^m47^s$	+08°52'07"	0.76	2.2	A5	16.8
十字架二	$12^h26^m36^s$	−63°05'57"	0.77	−4.2	B1	321
毕宿五	$04^h35^m55^s$	+16°30'33"	0.87	−0.6	K5	65
角宿一	$13^h25^m12^s$	−11°09'41"	0.98	−3.6	B2	262

星等相差 30 等不止。由此我们可以推算出，如果太阳离我们 10 秒差距或者 32.6 光年，它的视星等就会变为约 4.8 等。为了与视星等（m）相区别，绝对星等的缩写是大写字母 M。

由上文我们可以知道，太阳的绝对星等为 4.8 等。而计算天鹅 61 的绝对星等时，我们只需要将它推远不到 3 倍的距离，它的亮度只会大约下降到原来的八分之一，星等增加大约 2.3 等。也就是说，天鹅 61 的绝对星等为 8.3 等，比太阳高了 3.5 等。因此，太阳比天鹅 61 亮了大约 25 倍。天文学家以太阳光度为单位来衡量其他恒星的光度，天鹅 61 的光度约为 0.04 太阳光度。

从“25 颗离地球最近的恒星”（第 126 页）的表格我们一眼就能看出，这些恒星里只有约三分之一的是肉眼可见的。可我们却能看到与我们相距数百甚至数千光年外的一些恒星。其实，不仅是在太阳周围，暗弱的恒星占大多数；随着与太阳的距离的增加，暗弱恒星的比例也在不断增加。即使是较亮的恒星也可能处于肉眼观测的极限外，因此，我们其实只能看到银河系中我们周边极少数的恒星。假设某颗恒星的绝对星等在 -9 左右，若想被我们看到，它离我们不能超过 3×10^4 光年。

恒星的颜色

光是一种很奇特的物质：它本质上是沿直线传播的，但如果遇到一块玻璃透镜，笔直的光路就会发生偏折。太阳光看上去基本是白色的，但这个白色光是由不同颜色的单色光叠加而成的。天然的证据就是七彩斑斓的彩虹，它是太阳光在无数小水滴中发生折射形成的。

那些亮星也各有各的颜色。猎户（猎户座）右肩上的一颗恒星——参宿四毫无疑问是橙红色的，其左足上的参宿七是蓝白色的。同样为橙红色的还有公牛（金牛座）的眼珠——毕宿五和天蝎座的主星——心宿二。与此不同的是，女神（室女座）拿的麦穗上的角宿一以及猎户（猎户座）左肩上的参宿五，都闪耀着蓝白色的光辉。而御夫座的五车二和小犬座的南河三则呈现为淡黄色。

19 世纪中期德国物理学家基尔霍夫和化学家本生提出了光谱分析法后，天文学家们开始意识到恒星颜色所代表的意义——它们大致反映了恒星的表面温度。就像高温钢水在刚刚离开高炉时是蓝白色的，而在冷却过程中颜色会从橘黄、淡红到暗红转变一样，白色和黄色恒星的表面温度要远远高于红色恒星的表面温度。

关于恒星颜色与温度之间的关系，德国物理学家马克斯 · 普朗克于 20 世纪初期给出了理论上的解释。他证明了在一定波长下物体的辐射能与温度的关系[1]。根据它们的关系绘制的曲线图是左右不对称的偏态分布曲线，即曲线最高点两侧的坡度并不相同。最高点的高度和所在波长取决于温度。并且，处于不同温度的各条曲线在整个波长范围内都没有交点（尽管严格来说这种情况只限于理想黑体，但在简化探讨时我们可以忽略这个理想化前提与现实之间的差异）。一颗恒星温度越高，它在各个波长下

1 即普朗克黑体辐射定律，简称普朗克定律或黑体辐射定律。

25 颗离地球最近的恒星

名称	赤经	赤纬	光谱型	视星等	绝对星等	到地球的距离（光年）
比邻星	$14^h29^m41^s$	−62°40′44″	M5V	11.01	15.4	4.22
半人马 α 星 A	$14^h39^m36^s$	−60°50′00″	G2V	0.01	4.4	4.35
半人马 α 星 B	$14^h39^m35^s$	60°50′12″	K0V	1.34	5.7	4.35
巴纳德星	$17^h57^m49^s$	+04°41′36″	M4V	9.55	13.2	5.98
沃尔夫 359	$10^h56^m29^s$	+07°00′54″	M6V	13.45	16.6	7.80
拉朗德 21185	$11^h03^m20^s$	+35°58′12″	M2V	7.47	10.5	8.23
鲸鱼座 BL	$01^h39^m01^s$	−17°57′00″	M5.5V	12.41	15.3	8.57
鲸鱼座 UV	$01^h39^m01^s$	−17°57′00″	M6V	13.2	16.1	8.57
天狼星 A	$06^h45^m09^s$	−16°43′00″	A1V	−1.44	1.5	8.57
天狼星 B	$06^h45^m09^s$	−16°43′00″	dA2	8.44	11.3	8.57
罗斯 154	$18^h49^m50^s$	−23°50′12″	M3.5V	10.47	13.1	9.56
罗斯 248	$23^h41^m55^s$	+08°52′07″	M5.5V	12.29	14.8	10.33
天苑四	$03^h32^m56^s$	−09°27′30″	K2V	3.73	6.2	10.67
罗斯 128	$11^h47^m45^s$	+00°48′18″	M4V	11.12	13.5	10.83
宝瓶座 EZ	$22^h38^m33^s$	−15°18′06″	M5V	12.33	14.7	11.08
格鲁姆布里奇 34 A	$00^h18^m23^s$	+44°01′24″	M1.5V	8.08	10.4	11.27
格鲁姆布里奇 34 B	$00^h18^m26^s$	+44°01′42″	M3.5V	11.07	13.4	11.27
印第安 ε	$22^h03^m22^s$	−56°47′12″	K5V	4.68	7.0	11.29
天鹅 61 A	$21^h06^m54^s$	+38°45′00″	K5V	5.22	7.5	11.30
天鹅 61 B	$21^h06^m55^s$	+38°44′30″	K7V	6.03	8.3	11.30
斯特鲁维 2398 A	$18^h42^m45^s$	+59°37′54″	M3V	8.9	11.2	11.40
斯特鲁维 2398 B	$18^h42^m46^s$	+59°37′36″	M3.5V	9.68	12.0	11.40
天仓五	$01^h44^m04^s$	−15°56′12″	G8V	3.5	5.8	11.40
南河三 A	$07^h39^m18^s$	+05°13′30″	F5IV－V	0.38	2.7	11.41
南河三 B	$07^h39^m18^s$	+05°13′30″	dA	10.7	13.0	11.41

向外界辐射的能量就越多。因此，与较冷的恒星相比，炽热的恒星一定蕴含着多得多的能量。但是恒星的能量储备并不是无穷无尽的，它的温度和光度对它的寿命有着决定性的影响。

特征谱线

早在 19 世纪早期，德国光学仪器制造专家约瑟夫 · 冯 · 夫琅和费就发现在太阳光谱中存在若干黑暗的特征谱线。19 世纪中期，德国物理学家基尔霍夫与化学家本生进行跨学科合作，揭示了这些谱线的含义：这些谱线就像指纹一样，代表了不同的化学元素。基尔霍夫和本生也对明亮的谱线进行了研究。这些明亮的谱线又被称为“发射谱线”，在炽热气体发光时出现。夫琅和费发现的那些黑暗的特征谱线则是较冷气体中的原子被与自身波长一致的光照射后产生的。这些原子受激发后自身会发光，并将吸收来的能量向各个方向辐射出去，这使得我们观察方向上的辐射大幅度减少，从而形成黑暗的特征谱线。这些黑暗的特征谱线常常被称为“吸收谱线”。所以说，对恒星光谱的分析既能获得有关恒星化学成分的信息，也能获得关于其温度和恒星大气层其他一些指标的信息。自 20 世纪初以来，天文学家们建立了一个光谱分类体系，对恒星类型进行了简单的划分。不过这个分类体系的字母排序比较古怪、没有规律：因各自温度不同，大多数恒星被分为 O、B、A、F、G、K、M 七大光谱型，温度依次递减。每一光谱型又被更细致地划分为 0~9 个次型。在这个光谱分类体系中，我们的太阳属于 G2 型恒星。人们常用一句英语俏皮话来帮助记忆恒星光谱型的字母顺序：“Oh, Be A Fine Girl, Kiss Me”。

赫罗图

将所有恒星的光谱数据进行系统归纳时，丹麦天文学家赫茨普龙和美国天文学家罗素各自独立地发现了同一个令人惊讶的现象：如果以每颗恒星的温度（或者光谱型）和光度（或者绝对星等）分别为横纵坐标制成一张图，恒星在图中的分布并不是均匀的，而是明显沿着一条对角线（也就是所谓的主序带或主星序）分布，高温、高光度的恒星位于对角线的左上角，低温、低光度的恒星位于右下角。

一颗恒星的光度与自身温度和直径都有关。赫罗图显示，恒星的直径并不是随意形成的，它似乎主要取决于恒星的温度。但是，这个关系在温度较低的恒星上并不明显——在赫罗图的低温区域，不仅是主序带上有大量光度较低的恒星，在主序带上方也有一些光度较高的恒星，这些光度较高的恒星体积比主序星[1]们大得多，因此被称为“巨星”。

氢燃烧

20 世纪 30 年代，物理学家们在寻找恒星能量来源的过程中发现了核聚变反应，发生核聚变反应的条件是具有极高的温度和压力，而恒星内部正好具备这两个条件。在那里，原子的正常结构——中心有一个原子核，周围环绕着电子——被破坏，质子和电子“乱成一锅粥”。当温度超过 1×10^7 度时，质子在正面碰撞时就会克服因电荷相同而产生的斥力，融合在一起。这样经过多个步骤，太阳乃至整个宇宙中最多的元素——氢的质子们就形成了更重的、宇宙中第二多的元素——氦的原子核。由于 4 个质子（或者说 4 个氢原子核）的质量大于 1 个氦原子核的质量，根据爱因斯坦著名的

1 指位于主序带上的恒星。

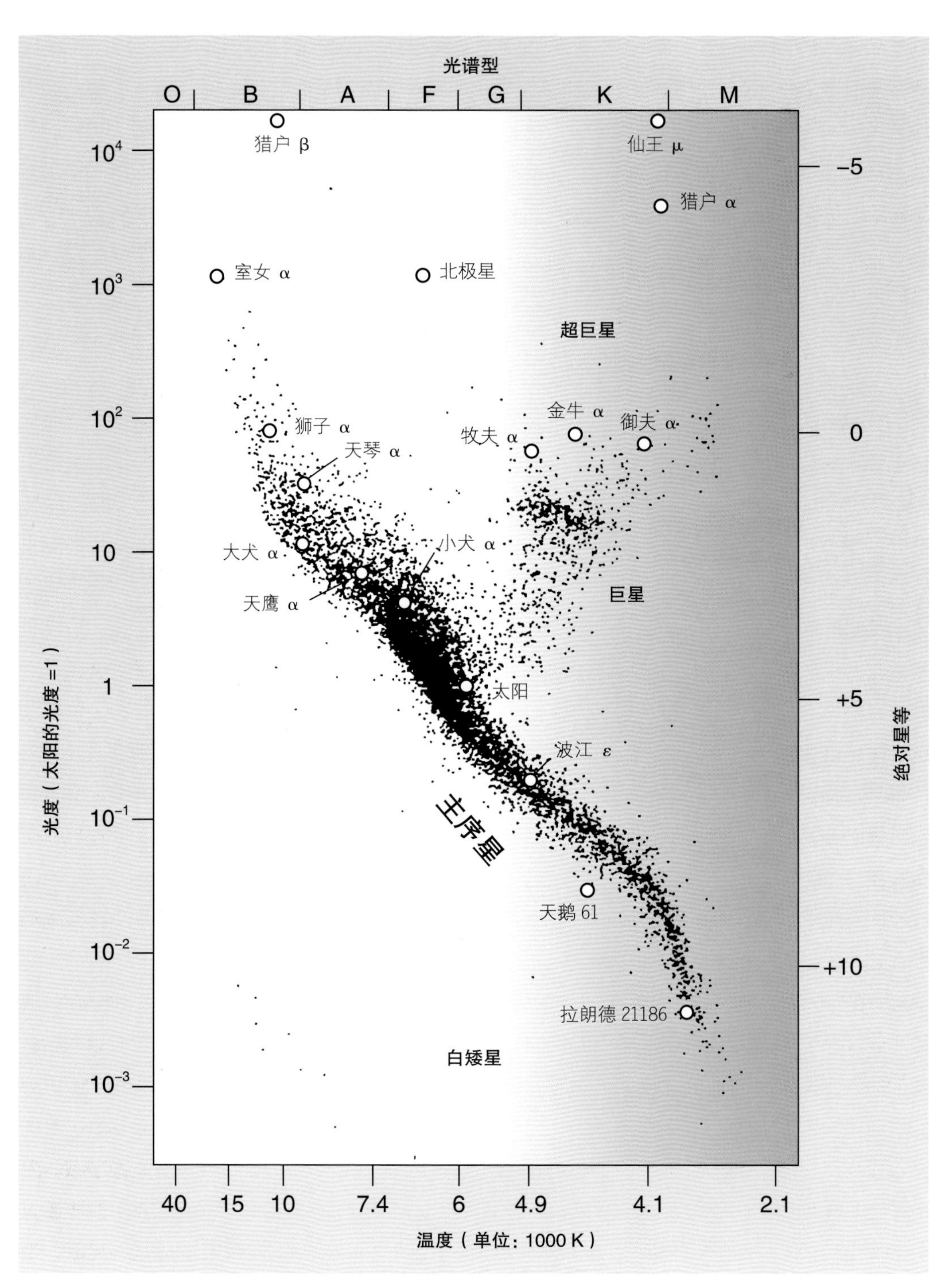

赫罗图可以描述每一颗恒星的温度和光度

质能公式（$E=mc^2$），多余的质量会转化成能量。按照这个公式，在太阳内部，每秒会有大约 5.97×10^8 t 氢聚变成 5.93×10^8 t 氦。因此，太阳每秒将以能量的形式损失 4×10^6 t 物质。尽管这个数字如此巨大，但太阳有着几乎取之不尽、用之不竭的氢储备，足够它以目前的光度闪耀上千亿年——但这个时间是以氢聚变无须高温高压为前提计算出来的。事实上，太阳核心部分的氢一旦损耗 10%，太阳就将开始“步入老龄化”，而这种情况在大约 60 亿 ~70 亿年后就会发生。

恒星的寿命

我们基本上可以说，赫罗图主序带上的所有恒星都是从氢聚变中获得能量的。光度极高的恒星能量需求也极大，因此，它们的氢储备远远不足以像我们的太阳或者其他一些较暗淡的恒星那样长久地维持自己的寿命。天体物理学家根据自己建立的恒星模型得出结论：一颗恒星在主序带上“停留的时间”与其质量的平方成反比。如果一颗恒星的质量是太阳的 10 倍，那么它在主序带上“停留的时间”就是太阳的 1%。也就是说，一颗炽热的、质量巨大的恒星可能刚诞生不久，它周边的环境也许还能为我们提供一些有关恒星诞生的信息。事实上我们发现，炽热的恒星附近常常有膨胀的星云和星际尘埃。这些星云在内部或外部引力的作用下开始凝聚坍缩时，就可能产生一颗新的恒星。最好的例子就是猎户星云（M 42），我们目前在其内部发现了数百颗幼年恒星。在最初的原恒星阶段结束后，年轻的恒星会根据自己的质量在赫罗图主序带上占一席之地，并在那里度过它一生中最漫长的阶段，直到它内部的氢都转化成了氦。

恒星核心的氢消耗殆尽后，恒星内部的压力减小，恒星的核心就会发生坍缩，直到恒星内部氢燃烧产生的“灰烬”——氦元素通过核聚变反应转化成更重的元素。与此同时，氢的燃烧会消耗掉包裹着恒星核心的、因坍缩而变得致密的氢壳层。因此，恒星迅速从原来的能量不足状态转变成能量过剩状态。两股能量来源搅乱了引力和辐射压之间原本建立好的平衡，恒星逐渐向外膨胀。在这个过程中，不断增大的恒星表面积加快了恒星内部能量的释放，恒星表面的温度也就大大降低了，巨大的恒星散发出了红光——一颗红巨星诞生了。

接下来的演化过程完全取决于恒星的质量。像太阳这样的质量较小的恒星会在红巨星阶段失去它大部分的外壳，暴露出炽热的氦核，成为一颗白矮星。由质量较小的恒星演化而成的白矮星中绝大多数的体积比地球的体积小，少数体积较大的白矮星顶多也只有天王星那么大，质量却跟太阳的质量相当。组成白矮星的物质内部的自由电子[1]不能被进一步压缩在一起，这使得白矮星获得了内在的稳定性。这些电子构成了白矮星的基石，使其不再继续坍缩。

而质量较大的恒星在最终灭亡之前还会经

1 白矮星密度巨大，这使得它的原子被压碎，电子从原子轨道脱离成了自由电子。自由电子形成的电子简并压力支撑起白矮星，使其不再继续坍缩。

宇宙中巨大的氢云团是恒星的摇篮

历其他的燃烧过程，然后像纸房子一样倾塌。质量较大的恒星将它的大部分外壳抛离本体后，如果剩余部分的质量仍然大于 1.4 个太阳的质量，那么“自由电子基石”（电子简并压力）也无法支撑起这颗恒星，它会继续坍缩，直到变成中子星——直径可能仅有 20 km、1 秒内自转数十圈的“魔鬼星”。1967 年，人们用射电望远镜首次发现了一颗脉冲星（中子星的一种）。如今已有数千颗脉冲星被发现。

如果发生坍缩后恒星剩余部分的质量仍然超过太阳质量的 3~4 倍，“中子基石”（中子简并压力[1]）也无法支撑它成为一颗中子星，恒星将继续坍缩。接下来，恒星表面的引力将大到连光都无法逃逸，从此这颗恒星就在我们的视野中消失了，成了一个“黑洞”。我们只能通过引力的极端效应感知它的存在。

双星

恒星往往不是单独存在，而是成双成对地存在的，有时还以“小团伙”的形式出现。双星或者聚星中的成员往往诞生于同一片气体云或者尘埃云。但同一片气体云或者尘埃云中诞生的恒星在质量上可能相差很大，因此它们的演化进程有快慢之分。尽管它们“同年同月同日生”，我们却能分别从它们身上观测到恒星的不同演化阶段。正因为如此，我们会发现，双星或聚星中的各颗子星的颜色有时天差地别。双星或聚星并不稀有，目前已知的恒星中大约一半从属于双星或者聚星。

双星的观测

无论是双筒望远镜还是天文望远镜，都适合用来观测双星，有时我们甚至用肉眼就可以将有些双星区分开。对入门级天文望远镜来说，双星是极好的观测对象。这是因为，与暗淡的星云和星系不同的是，双星很容易被望远镜寻获。能否将双星中的两颗子星区分开，与望远镜的集光力（因为有些双星很暗弱）有关，但通常来说更重要的是望远镜的分辨率。一般来说，我们观测双星时，使用折射望远镜比使用反射望远镜更具优势，这主要是因为反射望远镜不便调校和维护。有一些双星，我们用肉眼就可以将其区分开，比如常用来衡量人眼视力好坏的开阳和辅。开阳是北斗七星从勺柄端数

1 指中子间的相互排斥力，由泡利不相容原理产生。在恒星物理中，中子星是中子简并压力与引力相平衡的结果。

起的第二颗星，辅是它身边的暗星。双星往往非常明亮，我们即使身处城市也可以很好地观测它们。表格“最具观赏性的双星和聚星”中列出了天空中部分最具观赏性的双星和聚星。并非所有的双星都是真正意义上的双星，为此我们把双星分为“光学双星”和“物理双星”。光学双星只是看上去靠得很近的两颗星，事实上它们相距遥远。物理双星是宇宙中真正的“姐妹星”，它们围绕着共同的引力中心运行，彼此的距离（长期来看）在发生着变化。

会增加我们观测双星的难度的，除了两颗子星的间距特别小之外，还有它们之间亮度的差异。比如天空中最亮的恒星——大犬座的天狼星，它是一个子星间距相对较大的双星。然而这个双星的主星视星等为 -1.5，主星完全掩盖了旁边视星等为 8.7 的伴星的光辉。我们起

北斗七星中的开阳和辅，开阳和辅有时也被称为马和骑士

码得用普通的天文望远镜才能看到这颗暗弱的伴星。另一种情况是，即使两颗子星亮度相当，但它们的间距小到处于天文望远镜的分辨率极限之外。此外，无处不在的大气湍动也会明显干扰我们对双星的观测。因此，两颗子星无论是靠得太近，还是亮度差异过大，我们想要将它们区分开，都是极具挑战性。

幸运的是，天空中有许多双星的两颗子星

最具观赏性的双星和聚星

所属星座	双星或聚星	视星等	间距（"）	颜色
天鹰座	天鹰 23	5.3 / 9.3 / 13.5	3.1 / 11.3	黄 / 淡绿
仙女座	仙女 γ	2.3 / 5.5	9.8	黄 / 绿松色
牧夫座	牧夫 ζ	4.7 / 7.0	6.6	黄 / 橙红
海豚座	海豚 γ	4.5 / 5.5	9.6	黄 / 绿
天龙座	天龙 o	4.8 / 7.8	34.2	黄 / 海水蓝
御夫座	御夫 ψ_5	5.3 / 8.3	36.2	黄 / 蓝
大犬座	大犬 ν_1	5.8 / 8.5	17.5	黄 / 深蓝
后发座	后发 24	5.2 / 6.7	20.3	橙黄 / 蓝
武仙座	武仙 γ	3.8 / 9.8 / 12.2	41.6 / 87.7	黄 / 紫
武仙座	武仙 α	3.5 / 5.4	4.7	橙 / 绿松色
猎犬座	猎犬 α	2.9 / 5.5	19.4	淡蓝 / 淡绿
仙后座	仙后 α	2.2 / 8.9	64.4	橙 / 紫
仙后座	仙后 η	3.4 / 7.5	12.9	黄 / 淡红
仙王座	仙王 δ	3.4 / 7.5	41.0	黄 / 蓝
巨蟹座	巨蟹 ι_2	6.0 / 6.5 / 9.1	1.4 / 55.6	深黄 / 蓝

续表

所属星座	双星或聚星	视星等	间距（"）	颜色
天琴座	天琴 θ	4.4 / 9.1 / 10.9	99.8 / 99.9	橙 / 淡蓝
狮子座	狮子 6	5.2 / 8.2	37.4	金 / 蓝
北冕座	北冕 ζ	5.1 / 6.0	6.3	蓝 / 淡绿
猎户座	猎户 ρ	4.5 / 8.3	7.0	橙 / 蓝
飞马座	飞马 57	5.1 / 9.7	32.6	橙 / 蓝
英仙座	英仙 θ	4.1 / 9.9	20.0	金 / 蓝
英仙座	英仙 η	3.8 / 8.5	28.3	橙 / 蓝
天鹅座	天鹅 β	3.1 / 5.1	34.0	金 / 蓝
天鹅座	天鹅 61	5.2 / 6.0	30.3	红 / 橙
巨蛇座	巨蛇 β	3.7 / 9.9	30.6	蓝 / 黄
蛇夫座	蛇夫 70	4.2 / 6.0	3.8	橙黄 / 红
人马座	人马 η	3.2 / 7.8	3.6	橙红 / 白
天蝎座	天蝎 α	1.2 / 5.4	2.9	橙红 / 绿
摩羯座	摩羯 ρ	5.0 / 6.7	247.6	黄 / 橙
金牛座	金牛 φ	5.0 / 8.4	52.1	深黄 / 蓝
宝瓶座	宝瓶 41	5.6 / 7.1	5.0	黄 / 蓝
宝瓶座	宝瓶 τ_1	5.8 / 9.0	23.7	淡蓝 / 橙黄
白羊座	白羊 λ	4.9 / 7.7	37.4	白中略带淡黄 / 蓝
白羊座	白羊 33	5.5 / 8.4	28.6	黄晶色 / 蓝

亮度差异很小，间距又足够大，我们用小型望远镜就可以感受到它们的绚丽。对我们来说，看到一颗蓝星和一颗橙星相依相伴绝对是一种视觉上的享受。

天鹅座中的双星辇道增七（天鹅 β）的两颗子星颜色对比鲜明

变星

历史上很长一段时间里，人们都认为：恒星是一种恒久不变的光源，绝对不可能发生任何变化。所以人们发现某些恒星竟然发生了变化时，可以说觉得非常不可思议。变星中最著名的就是英仙座的大陵五，大陵五是英仙座第二亮的恒星，正常情况下它大约每隔 2 天 21 小时就会增加 1 个星等不止，数小时后亮度又恢复到正常水平。对于大陵五亮度的这种规律性变化，古希腊人无法解释，于是古希腊神话就把这个现象描绘成：英雄珀尔修斯（英仙座）手里提着美杜莎被割下的头颅，而大陵五正是美杜莎的一只眼睛，它看向谁谁就会变成石头。直到今天，大陵五的外文名仍是阿拉伯语单词“Algol”，这个单词的意思不是别的，正是“妖魔”。

事实上，并不是大陵五自身的亮度改变了，而是因为大陵五由两颗亮度不等的子星组成。我们从它们的运行轨道侧面看过去时会发现，每隔 2 天 21 小时大陵五的这两颗子星中的暗星会经过亮星身前，暂时遮住亮星的光芒——我们看到的就是规律的“恒星掩食”现象。因此，大陵五属于所谓的“食变星”。

然而，确实有一些恒星自身发生了变化，我们观测到的这些恒星亮度上的变化是因它们的物理性质发生改变所引起的。有些恒星在亮度改变的同时进行着膨胀和收缩。

根据光变周期，我们把变星分为短周期变星和长周期变星。前者比如造父变星，造父变星中最有名的代表就是造父一（仙王 δ）；后者比如蒭藁型变星（又叫米拉变星），代表为蒭藁增二（鲸鱼 ο）。这两类变星的亮度变化相对来说比较规律，但是它们的光变周期没有食变星的光变周期那么稳定。

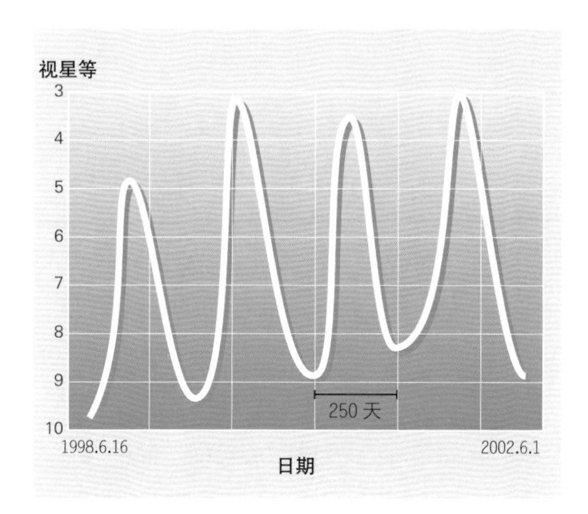

蒭藁增二的光变曲线图

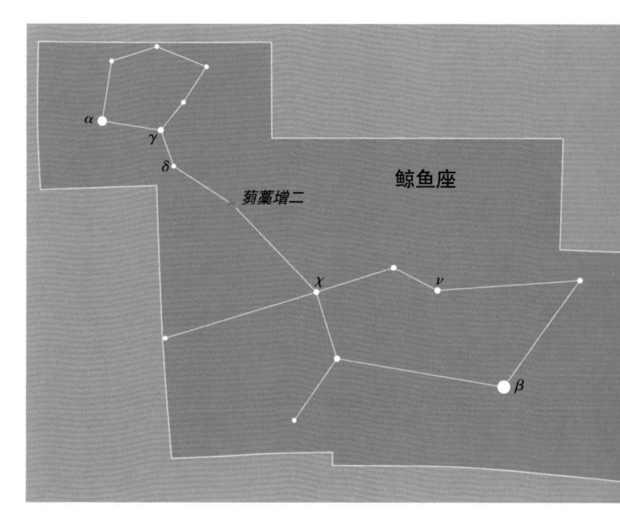

鲸鱼座变星蒭藁增二的局部星图

还有一些恒星的亮度变化极不规律，变化过程可持续数天、数周、数月乃至数年。这种“爆发变星”往往是恒星内部发生变化形成的，或者是密近双星之间发生了物质交换的结果。

变星的观测

我们仅凭肉眼就可以看到许多变星的亮度在变化，观测体验的好差取决于变星的视亮度和光变幅度。

6 等以下的变星，我们用肉眼就能看见；4 等以下的变星，我们即使在比较明亮的观测地点，也可以用肉眼识别。第 135 页的表格列举了中欧地区的人们可以看到的最为明亮的变星。我们肉眼能观测到的变星既有光变周期仅为数天的短周期变星，也有光变周期长达数百天的长周期变星，还有不规则变星。周期性变星在时间间隔一定时亮度也一定。我们可以通过绘制成的曲线图来了解周期性变星亮度变化的情况。此外，周期性变星的亮度变化可能极为剧烈，它们可以很久都保持同一亮度不变，然后在几分钟内变暗，又在非常短的时间内回到原来的亮度。亮度变化非常剧烈的变星代表就是大陵五，我们从下面的大陵五的光变曲线图就能感受到其变化的剧烈程度。

最吸引人也极具科研价值的其实是不规则变星。所谓的“不规则”意味着，恒星亮度的变化是我们无法预测的。这类变星的典型代表就是北冕 T。“正常”情况下，北冕 T 属于天空中较亮的恒星，它的视星等为 2。但它会突然毫无征兆地增加 9 个星等，此时我们只有通过较大型的双筒望远镜或者天文望远镜才能看到它。之后，它的亮度还会出乎预料地再次增大。这颗恒星非常适合作为我们长期有规律地观测的对象，我们可以估测它的亮度并将估测结果记录在观测笔记里。

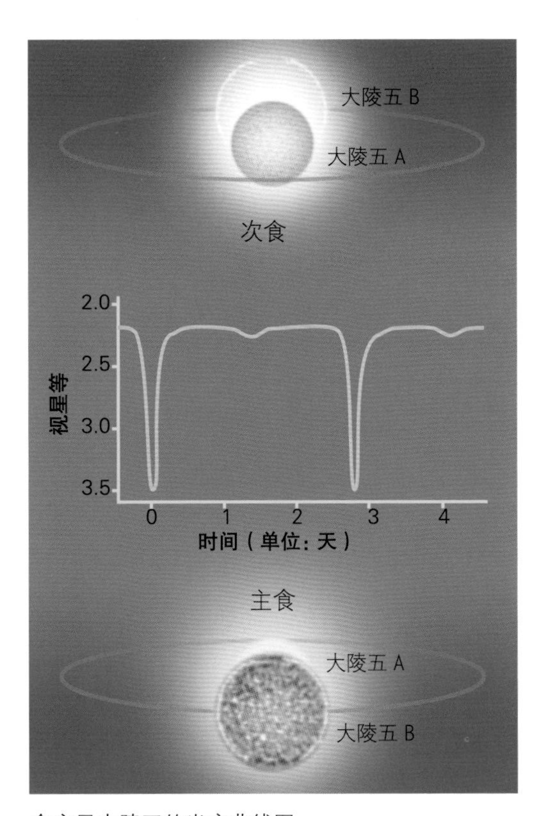

食变星大陵五的光变曲线图

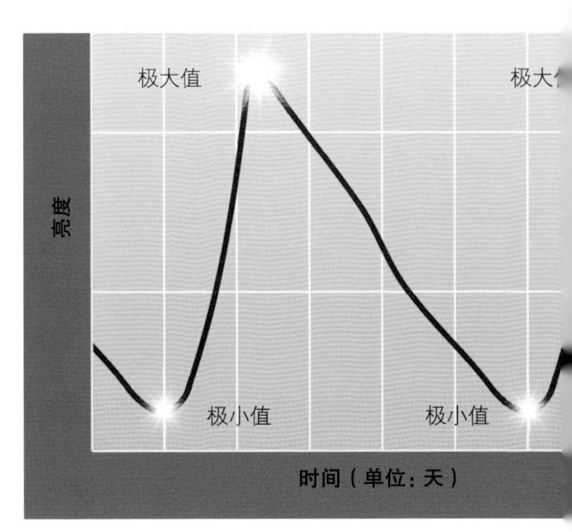

造父变星造父一的光变曲线图

变星亮度的估测

估测变星的亮度需要借助亮度已知且稳定的参考恒星。原理相当简单：在某一时刻，如果待估测的变星比参考恒星 A 亮，但比参考恒星 B 暗，那么它的亮度就在这两颗参考恒星的亮度之间。这种方法成功的关键在于：在待估测变星周围找到合适的参考恒星。这种估测方法实施起来很容易，我们积累了足够的经验后，估测的恒星的视星等可以精确到小数点后一位。当然，现在我们先要做的是，在天空中找到待估测的变星。

想要找到变星，我们必须借助一张星图，该星图中应该至少包含 8 等以内的全部恒星。想要寻找更暗弱的恒星我们就要借助局部星图了，并且得是标记出了合适的参考恒星的局部星图。你可以从德国变星协会（www.bav-astro.de）等组织那里获得相应的局部星图。

重要的变星

所属星座	变星	最大视星等	最小视星等	星等变幅	周期（天）
天鹰座	天鹰 η	3.6	4.4	0.8	7.18
仙女座	仙女 λ	3.7	4.1	0.4	54.3
御夫座	御夫 ε	2.9	3.8	0.9	9885
天兔座	天兔 μ	3.0	3.4	0.4	2
天兔座	天兔 R	5.5	11.7	5.2	432
猎犬座	猎犬 Y	5.2	6.6	1.4	157
仙后座	仙后 γ	1.6	3.0	1.4	不规则
仙王座	仙王 δ	3.7	4.6	0.9	5.4
仙王座	仙王 μ	3.4	5.1	1.7	730
仙王座	仙王 T	5.3	8.4	2.9	401
天琴座	天琴 β	3.3	4.3	1.0	12.9
狮子座	狮子 R	4.4	11.3	6.9	312
北冕座	北冕 R	5.8	14.8	9.0	不规则
北冕座	北冕 T	2.0	10.8	8.8	不规则
猎户座	猎户 α	0.2	1.3	1.1	不规则
飞马座	飞马 β	2.4	2.8	0.4	不规则
英仙座	英仙 β	2.1	3.4	1.3	2.87
英仙座	英仙 ρ	3.3	4.0	0.7	50
盾牌座	盾牌 R	4.4	8.2	3.8	140
巨蛇座	巨蛇 δ	4.8	5.7	1.3	不规则
蛇夫座	蛇夫 χ	4.2	5.0	0.8	不规则
人马座	人马 RR	6.0	14.0	8.0	334.6
人马座	人马 X	5.0	6.1	1.1	7.01
天鹅座	天鹅 χ	3.3	14.2	10.9	407
天蝎座	天蝎 α	1.0	2.0	1.0	1600
天秤座	天秤 δ	4.8	5.9	1.1	2.32
鲸鱼座	鲸鱼 o	3.0	10.0	7.0	332
鲸鱼座	鲸鱼 T	5.0	6.9	1.9	159
长蛇座	长蛇 U	4.7	6.2	1.5	450
长蛇座	长蛇 R	3.5	10.9	7.4	387

银河系内外

有着疏散星团、亮星云和紧密的球状星团的银河系只是茫茫宇宙无数星系中的一个。在这里，我们将带你用眼睛领略浩瀚星海中的一座座星之岛屿。

我们仰望星空时可能会突然领悟到：其实所有的恒星都属于一个更大的天体系统——银河系。不仅是那些明亮的恒星们在一定程度上在向天空中这条朦胧的光带聚集，那些无以计数的接近人类视力极限的暗弱的恒星们更是如此。如果用双筒望远镜或者小型天文望远镜观测，我们会发现 6 等以上的恒星们也有这个趋向。

早在 18 世纪晚期，英国天文学家威廉 · 赫歇尔就建立了一个有关银河系的大小和形状的模型。他发现，在一片选定的天区里，恒星的数量与这片天区的亮度有关，因此他假设：我们在一个方向上的天区里看到越多的暗星，就说明银河系在这个方向上向宇宙延伸得越远。在与地球相距遥远的天区里，只有（绝对）亮度较大的恒星才可能被观测到，这些亮度较大的恒星同样应该由于离地球太过遥远而被看作暗星（因为它们看起来是暗弱的）。根据统计，赫歇尔认为银河系就像是一面巨大的透镜：整体扁平，中心隆起，直径大约为 8000 光年，中心厚度可能为 800 光年，然而某些地方的边缘看上去丝丝缕缕的。如今我们知道，在那些边缘看上去丝丝缕缕的地方，大量暗星云遮挡了遥

银河带，由超广角镜头拍摄

远星体发来的光[1]，而这导致赫歇尔低估了银河的深邃程度。

这些暗星云到今天为止仍然是天文学家们确定银河系真实形状时的阻碍。幸好天文学家们找到了其他办法，比如用非可见光波段的电磁波来探测可见光穿不透的气体云和尘埃云。借助射电天文观测技术，天文学家们可以推测星际物质的分布情况，就像 X 光成像一样，构建起银河系的结构模型。由人造卫星执行的红外和紫外天文观测活动有助于天文学家们对“恒星诞生地”和那些特别年轻、炽热的恒星进行研究。X 射线空间观测技术则主要用来发现“恒星墓地”。

然而，几乎所有观测活动的短板都在于，我们不知道各个天体与地球之间的距离。欧洲天体测量卫星“依巴谷”也只能测得太阳周边大约 1500 光年范围内的恒星与地球之间的距离。对那些足够明亮的恒星，我们可以记录下它们的光谱，然后用分光视差法来尝试确定它们到地球的距离。分光视差法具体如下：“先根据恒星的光谱获得恒星比较可靠的绝对星等，然后通过比较恒星的绝对星等和视星等推导出恒星到地球的距离。”然而这个方法只适用于比较明亮的恒星。在用射电天文观测技术对星际物质进行探测时，我们必须考虑动力学的因素，以推导出某个天体到地球的距离。而对星团来说，另有方法[2]可供测距。但归根结底，目前为止我们得出的银河系的结构仍然只是一个暂时性的结论。

按照目前的结构模型，我们的银河系直径大约在 1×10^5~1.2×10^5 光年之间，平均厚度大约为 3000 光年，中央核球的长轴直径大约为 1.6×10^4 光年。这个隆起的中央核球在银河系的全景图上特别明显——它就在人马座和天蝎座附近，也就是说我们望向人马座和天蝎座时就是在望向银心。可惜由于气体云和尘埃云的遮蔽，在可见光波段我们无法观测到这个中央

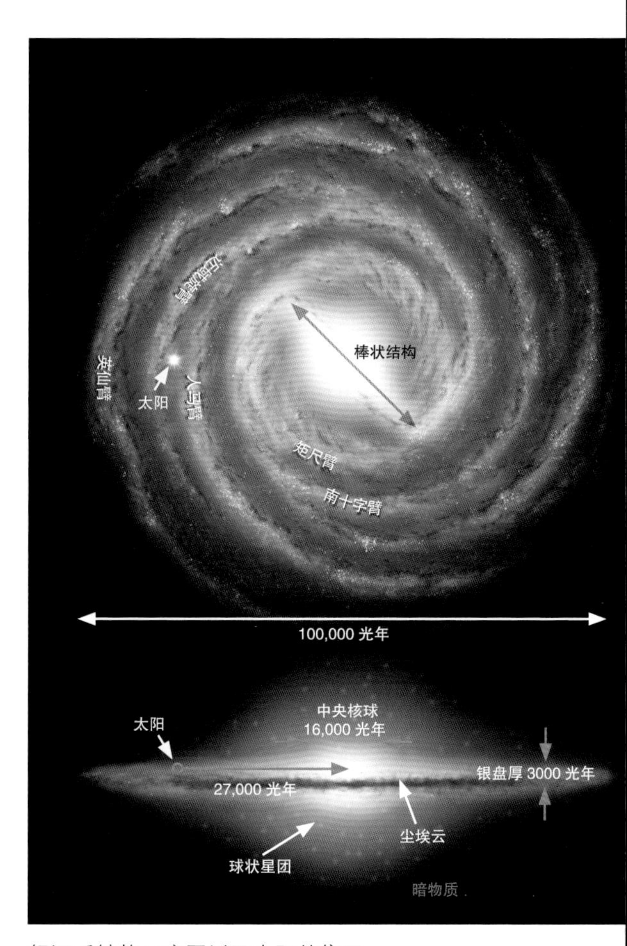

银河系结构示意图以及太阳的位置

1 即星际消光现象。

2 比如星团视差法。

核球，因此也就无法对之进行研究。然而通过X光和无线电波段的观测我们猜测：银河中心可能有一个质量大约为 4×10^6 个太阳质量的相对平静的黑洞。银河系可见物质的总质量大约为 1.8×10^{11} 个太阳的质量。太阳距离银河系中心大约 2.7×10^4 光年，绕银河系中心一周大约需要 2.2×10^8 年。我们的银河系呈旋涡结构，旋臂中密布着恒星诞生区，年轻、炽热且明亮的恒星不断从中诞生。事实上，银河系并不具有由恒定物质组成的稳定持久的形态：不断有物质从旋涡结构中被抛洒出去，这些物质会穿过银河系，就像冲浪运动员穿过激浪一样。因此，银河系的旋臂不会随着银河系的旋转盘旋得越来越长。就像在了解其他星系时我们所做的一样，我们也通过观测知道了银河系的类型：它是一个有着两条主臂的棒旋星系，再从形态上看它是棒旋星系中的SBc型星系。

银河系的观测

银河系能帮助我们真正了解宇宙深处的奥秘。浩瀚的星河——银河由亿万颗在我们看起来有些暗弱的恒星组成，它们密密麻麻地交错着一直排到了宇宙的深处。银河中的大多数恒星难以被肉眼分辨，然而它们共同构成了天空中这条朦胧的、散发着牛奶般乳白色光辉的长河。

但这条朦胧的光带会因为星际空间里由尘埃构成的暗星云而变得断断续续，这些暗星云会削弱甚至完全遮住遥远恒星发来的光。在漆黑的夜晚，我们用肉眼就可以看到银河中明亮的恒星云和暗星云。

遗憾的是，中欧地区的天空总是被街灯的漫射光、广告牌上的霓虹灯、建筑物里的照明灯和射向空中的探照灯（安装在迪斯科广场等场所）照得通亮。因此，中欧地区的人们在城

银河系的中心隐匿在黑暗的尘埃云后

市几乎无法看到银河，也就是说，中欧地区的大多数人都无法体验遨游银河的美妙感觉。要想充分领略银河的绚烂华美，最好前往黑暗且人烟稀少的地方：山区、旷野或者海滨。

尽管在冬季我们也能很清楚地看到银河，但想看到银河最壮美的景象还是得在夏季。在眼睛适应了周遭的黑暗后，身处德国的我们会发现，银河最明亮的部分位于南方地平线之上不远处的夏季星座人马座和天蝎座。沿着天空往北一些是盾牌座，这里有一片小小的三角形的恒星云。接下来是天鹰座和天鹅座，在这里明亮的银河被割裂成了两部分。

再往北是仙王座（这里有一大片圆形的暗星云）和 W 形的仙后座。此处银河明显暗淡很多。仙后座之后是英仙座，这里离银河系中心较远，也就是说，此时我们望过去视线正朝向银盘的边缘。在御夫座区域银河带又渐渐变亮，然后它穿过双子座到达麒麟座，从壮观的猎户座东边经过，到达大犬座。对中欧地区的人来说，银河就此消失在地平线附近的船帆座和船尾座。

用肉眼观测的话，我们只能看到银河朦胧弥散的白色光辉，其实银河中还有诸如发光的气体星云、疏散星团和小型行星状星云等美妙的景象可供我们观赏。借助双筒望远镜和天文望远镜，我们几乎可以在天空中观测到处于演化过程中各个阶段的恒星。我们用双筒望远镜就可以在明亮的恒星云中找到许多恒星，不过它们仍处于一片朦胧的恒星背景中。亮星云和疏散星团则会作为独立、完整的天体清晰地从背景星空中突显出来。

深空天体

与 16~17 世纪的天文学家们局限于孜孜不倦地探索恒星不同，18 世纪中期以后，天文学家们开始系统地寻找彗星——埃德蒙 · 哈雷曾预言，他在 1682 年夏天观测到的彗星将于 1758 年回归。法国天文学家夏尔 · 梅西叶为了在寻找彗星的过程中不会总将一些云雾状的天体误当成新发现的彗星，于 1758~1781 年收集整理了 100 多个云雾状的天体，并将它们编制成表。梅西叶星云星团表时至今日仍是人们观测最壮丽的深空天体时的首选指南，它囊括了各种星团、发光的气体云、尘埃云和星系。后来又有其他的星团、星云和星系被发现，它们被收录在星云和星团新总表（NGC）中，这个星云和星团新总表由丹麦天文学家约翰 · 德雷尔于 1888 年出版。

在使用天文望远镜观测深空天体时，集光力至关重要。使用的天文望远镜的口径越大，我们就能观测到越暗弱的天体。深空观测者往往更偏爱使用集光力较强的牛顿反射望远镜，很少选择同等价位的口径更小的折射望远镜。为使尽可能多的光进入眼中，我们应该选择低倍望远镜，在望远镜倍率较小的情况下我们能看到令人惊喜的星云（较为明亮）的细节了。在观测星团和小型行星状星云时，我们可以根据天体大小来酌情调大望远镜的倍率，以便更好地观测它们的细节。

疏散星团

我们用肉眼就可以看到天空中的一个个星

团，比如位于公牛（金牛座）背部的昴星团（七姐妹星团），或者构成V字形牛头轮廓的毕星团。作为局部的恒星集合，它们很容易吸引我们的目光。使用双筒望远镜的话，我们还能在天空中的其他地方看到这样的恒星集合，比如在英仙座和仙后座交界处，或者在巨蟹座内。在这些地方，即使是比较暗弱的恒星也能被我们看到，星团就更加明显了。

从恒星演化的角度来说，星团就是恒星的育婴室：对光谱的相关研究显示，这些星团中恒星的年龄往往只有数千万到数亿年。虽然质量较大的恒星的寿命也就这么久，但是恒星中的大多数，也就是难以计数的质量较小的恒星的寿命要比这长得多。星团直径超过 30 光年，其中恒星的数量从数十（极为稀疏的疏散星团）到数百甚至数千不等。我们推测，星团中的恒星靠着彼此间的引力长时间、但并不会永远地聚集在一起。因此，这些星团被称为“疏散星团”。随着一点点地瓦解，疏散星团会发展成为移动星群。移动星群中成员星的移动得通过整个星群相对银河系其他恒星的移动来体现，大熊座的多颗恒星就属于这样的一个移动星群。这些恒星看似正在我们头顶的天空中一同移动，但其实它们可能已经彼此相距 400 光年之遥。

根据疏散星团在银河系中的分布情况，天文学家们可以大致了解银河系的演化史：目前已知的上千个疏散星团中，没有一个远离银河平面超过 30° 。这说明，如今的恒星基本都是在银河平面附近（或内部）诞生的，在这之后——由于彼此间的干扰作用，它们可能才逐渐远离银河平面。其实数十亿年前，疏散星团向银河平面的集中并没有现在这么明显，它们像无数年老的恒星那样分布在银河平面之外，那时星际气体和尘埃云分布得也比现在均匀。

疏散星团的观测

最明亮的疏散星团，就算它位于城市较明亮的天空，我们也可以直接用肉眼看到。即使疏散星团中的某颗恒星暗弱到肉眼无法识别，星团中所有恒星共同发出的光也能让整个星团在天空中至少呈现为一片朦胧的光斑。

最明亮和最大的疏散星团当属金牛座的昴星团（七姐妹星团，M 45）和毕星团（毕宿星团）、巨蟹座的鬼星团（蜂巢星团，M 44）以及英仙座的英仙双星团（NGC 869/884)。不

冬季夜空中的两个疏散星团：昴星团（上右）和毕星团（构成了V字形的牛头轮廓。明亮的毕宿五不属于毕星团，它是我们观测毕星团时的前景星）

疏散星团 NGC 4755 又叫宝盒星团

那么有名但同样非常明亮的疏散星团还包括天蝎座的 M 6 和 M 7——但是对身处德国的我们来说，它们太靠南了，仅仅在地平线之上几度的地方。第 142 页的表格列举了一些天空中最为明亮的疏散星团。

我们用任何类型的天文望远镜都可以很好地观测疏散星团。即使是在特别小的倍率下，我们也能够分辨出疏散星团中的恒星，在天文望远镜中疏散星团看起来就好像漂浮在一片星海中。对疏散星团中那些特别明亮的恒星，我们还常常根据它们颜色上的明显差异来判断它们的演化进程，从而推导出它们的质量。

星际物质

恒星与恒星之间的宇宙空间并不是空无一物的，尘埃和气体几乎随处可见。这些尘埃和气体有时分布得十分稀疏（每立方厘米内只有几个原子），有时则形成相对稠密的云，每立方厘米的原子数达到数百上千甚至更多。即使是这样，这些宇宙空间还是比我们在地球上通过最好的技术手段所能达到的超高真空环境空旷得多。在正常状态下，这些星际物质的温度非常低，只比绝对零度（-273.15℃或 0 K）高几度。因此，它们在可见光波段是黑暗的，很长一段时间内都没有被天文学家发现。直到 20 世纪初，德国天文学家约翰尼斯 · 弗朗兹 · 哈特曼在研究明亮恒星的光谱时才发现：一部分光在到达地球之前的漫漫长路上明显“丢失了”，也就是说被什么东西吸收了，这个东西就是星际尘埃。恒星与我们之间的粒子越多，尘埃云越稠密，范围越大，恒星发出的光在到达我们眼中前就被吸收得越多。而如果尘埃云既广阔又稠密，它在空中就会非常显著，甚至能被人们用肉眼直接看见。例如，天鹅座所在的天区，银河在那里被分成了两支；又比如南十字座的煤袋星云，宛如嵌在银河中的一个大黑洞。

银河系中的一些区域看似恒星稀少，往往是因为那里存在暗星云

最具观赏性的疏散星团

所属星座	星团名称	视星等	直径（'）	成员数目	到地球的距离（光年）
仙女座	NGC 752	5.7	50	60	1300
仙女座	NGC 7686	5.6	15	20	3200
蝎虎座	NGC 7243	6.4	21	40	2600
麒麟座	M 50	5.9	16	80	2400
麒麟座	NGC 2232	3.9	30	20	1300
麒麟座	NGC 2264	4.4	30	40	2800
麒麟座	NGC 2301	6.0	12	80	2400
狐狸座	NGC 6940	6.3	31	60	2600
御夫座	M 36	6.0	12	60	4100
御夫座	M 37	5.6	24	150	4400
御夫座	M 38	6.4	21	100	4300
御夫座	NGC 2281	5.4	15	30	1600
大犬座	M 41	4.5	38	80	2400
大犬座	NGC 2362	4.1	8	60	5100
船尾座	M 46	6.1	27	100	4600
船尾座	M 47	4.4	29	30	1600
船尾座	M 93	6.2	22	80	3600
仙后座	NGC 457	6.4	13	80	9100
仙王座	NGC 7160	6.1	7	12	4000
巨蟹座	鬼星团	3.1	95	50	590
猎户座	NGC 1662	6.4	20	35	1300
猎户座	NGC 1981	4.6	25	20	1500
猎户座	NGC 2169	5.9	7	30	3600
英仙座	M 34	5.2	35	60	1400
英仙座	NGC 869 / 884	5.3 / 6.1	30 / 30	315	7500
英仙座	NGC 1528	6.4	23	40	2600
英仙座	NGC 1545	6.2	18	20	2600
盾牌座	M 11	5.8	13	200	5600
巨蛇座	IC 4756	4.6	52	80	1500
蛇夫座	NGC 6633	4.6	27	30	1100

续表

所属星座	星团名称	视星等	直径（'）	成员数目	到地球的距离（光年）
人马座	M 23	5.5	27	150	2200
天鹅座	M 39	4.6	32	30	880
天鹅座	NGC 6871	5.2	20	15	5400
天蝎座	M 6	4.2	15	80	2000
天蝎座	M 7	3.3	80	80	780
金牛座	昴星团	1.4	120	100	410
金牛座	毕星团	0.8	400	40	150
金牛座	NGC 1647	6.4	45	200	1800
金牛座	NGC 1746	6.1	42	20	1400
长蛇座	M 48	5.8	54	80	2000
双子座	M 35	5.1	28	200	2800

反射星云

恒星和星际间的气体云和尘埃云，共同但彼此独立地围绕银河系的中心旋转着。它们常常靠得很近，这时尘埃粒子就会反射（或散射）附近的恒星发出的光，我们在双筒望远镜或者天文望远镜里就会看到恒星旁边有一块朦胧而弥散的光斑。由于星际物质中尘埃粒子的比例很小，这种反射星云并不会非常明亮。通常来说，我们只有通过长曝光这一天文摄影手段才能看到反射星云。反射星云总是与照亮它的恒星显示出同样的颜色，因为光在尘埃粒子上发生的反射（或散射）不会改变光的本质。著名的反射星云有昴宿星云和距离心宿二不远的蛇夫 ρ 星云。

心宿二周围的反射星云

发射星云

如果一颗恒星表面温度超过 30 000 K，且质量很大，光谱型为 O 型，那么这颗恒星会向外辐射出大量短波紫外线，这些紫外线能激发恒星周边的气体发光。短波的紫外辐射富含的能量足以使气体分子的电子在它的绕核轨道上发

昴星团周围蓝色的反射星云，是炽热恒星发出的光在星际尘埃上发生散射产生的

礁湖星云（M8）是人马座中的一个明亮的发射星云，它的内部还包含着一个疏散星团

生能级跃迁，从而向外辐射能量。一颗O5型恒星周边，这种理论上的等离子体可以绵延数百光年。氢元素是宇宙中最常见的元素，发射星云在照片中大多呈红色，就是最强的氢辐射产生的颜色，即所谓的Hα谱线[1]。因此，这类气体星云又被天文学家称作“HⅡ区（电离氢区）”（罗马数字Ⅱ表示这是单电离的氢）[2]。可惜人眼对这一波长并不敏感，我们接收到的发射星云的光更多的是看起来十分暗弱的蓝绿光，这些蓝绿光产生于星云中第二强的氢辐射（Hβ）以及极少量的双电离氧（OⅢ）所发出的极弱辐射。

典型的发射星云包括：人马座的礁湖星云（M8）、麒麟座的玫瑰星云和南天的船底η星云。因为炽热的O型恒星都很年轻，它们往往就在自己的诞生地附近，所以它们周边的气体云和尘埃云也都离银河平面不远。不久以前（天文学意义上的），它们都刚刚从银河平面中诞生。因此，发射星云的存在通常意味着这里是恒星诞生区，正有新的恒星在其中孕育。

行星状星云

不仅仅是那些年轻的、炽热的以及因为年轻而必然质量巨大的恒星能够制造发射星云，那些质量较小的恒星，比如我们的太阳在生命快终结时也可以用发光的气体星云来短暂地装扮自己。进入红巨星阶段后，恒星对外层气壳的引力会消失，外层气壳最终会以剧烈的恒星风的形式被抛向太空，恒星内核因此外露。此时垂死的恒星就成了一个超强的紫外发射器，它们发射的紫外辐射导致脱离恒星的外层气壳发生电离，从而出现了发光的现象。与HⅡ区不同的是，这个“宇宙花圈”一般非常小，它

1 Hα 是氢的一条可见的红色发射谱线。

2 氢的存在形式中，HI代表一个氢原子核加一个电子的组合，即中性氢。HII代表电离氢。

们基本被局限在恒星周围。虽然白矮星的等离子体可以向宇宙深处延伸很远，但是它被吹散的外层气壳的密度却随着自身的不断扩大（直径达数光年）而越来越小，被紫外辐射所激发的光也越来越弱，直到不再能被检测到。在18世纪晚期那些简陋的天文望远镜中，这种常常呈圆形的星云与那时人们刚发现的行星——天王星很像，所以这种星云有了一个很有误导性的名字：行星状星云。20世纪末，高品质天文望远镜被发明出来后，天文学家才渐渐认识到，行星状星云基本是对称的，我们可以从它们身上了解更多关于恒星演化末期的重要信息。典型的行星状星云包括天琴座的指环星云（M 57）、狐狸座的哑铃星云（M 27）和黄北极[1]附近的天龙座中的猫眼星云（NGC 6543）。

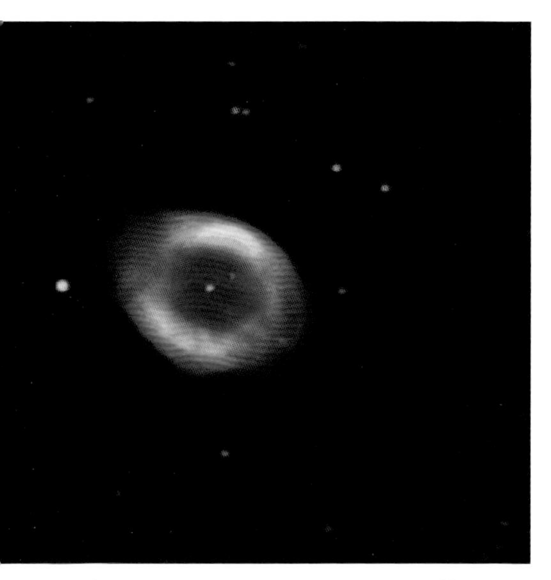

天琴座著名的指环星云（M 57）是行星状星云的代表

星云的观测

通常来说，星云是一种最难观测的天体。我们只有在天空非常黑暗的情况下，借助高品质的双筒望远镜或者集光力强大的天文望远镜才能观测到星云。由于星云对我们的眼睛来说实在是太暗弱了，仅凭运气我们很难找到它们，必须借助局部星图进行系统性的搜寻。星云的表面相当暗，往往与星表中给出的星等值不符。因此，第146页表格中所给出的星云的星等值只能作为参考。

银河系中最明亮的星云当属猎户座的猎户星云（M 42）和人马座的礁湖星云（M 8）。夜空足够黑暗时，我们用肉眼就可以看见这两个星云。借助双筒望远镜或者天文望远镜的话，即使在城市我们也能看到它们。几乎所有的气体星云（尤其是猎户星云）都包含许多星际尘埃，这使得一些气体星云显示出暗星云和反射星云的特点。

最著名和最漂亮的反射星云当属人马座的三叶星云（M 20），它自身发出的红光和反射的其他恒星的蓝光交相辉映，我们用集光力强的望远镜还能看到其内部标志性的暗星云。锥状星云则是位于NGC 2264内部的一个圣诞树形状的暗星云。

最有名的行星状星云是位于天琴座的指环星云（M 57），然而在双筒望远镜中它特别小。可以被我们用双筒望远镜观测到的是哑铃星云（M 27），它位于极不显眼的狐狸座。

1 黄北极是黄道坐标系的两个基本点中的一个。黄道坐标系是以黄道为基本圈的一种天球坐标系。通过观测点做垂直于黄道面的直线与天球相交的两个点，距天北极较近的点被叫作黄北极，距天南极较近的点被叫作黄南极。

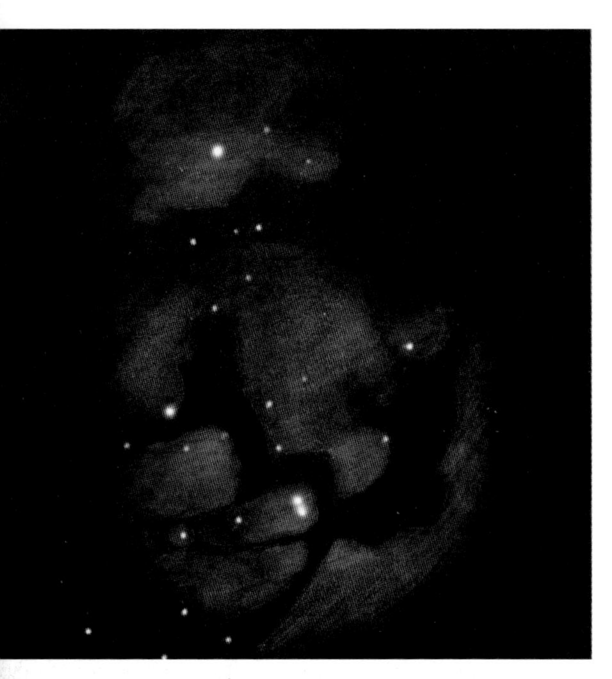

三叶星云手绘图

在中欧地区的夜空中，最大、最明亮的行星状星云是宝瓶座的螺旋星云（NGC 7293）。可惜它极为靠南，只有在地平线处的观测条件特别好时中欧地区的人们才能观测到它。

球状星团

在天文望远镜的性能逐步提高后，尤其是在夫琅和费发明了（部分）消色差的双透镜物镜后，人们发现：梅西叶星表中那些看起来呈圆形的“星云”并不都是行星状星云，有时候这些“星云”的边缘在望远镜中能显示为一颗颗独立的恒星。也就是说，这种看上去跟星云很像的天体其实是聚集得非常紧密的恒星集合，后来人们将这种恒星集合命名为“球状星团”。

最具观赏性的星云

所在星座	天体编号	类型	视星等	大小	到地球的距离（光年）
天龙座	NGC 6543	行星状星云	8.3	0.3'	3000
麒麟座	NGC 2237-38-39-44-46	发射星云	4.8	90'	4600
麒麟座	NGC 2264	发射星云 / 暗星云	3.9	60'×30'	2800
狐狸座	M 27	行星状星云	7.3	8.0'	950
猎户座	M 42	发射星云 / 反射星云	4.0	65'	1500
猎户座	NGC 2024	发射星云 / 反射星云	8.0	30'	1500
巨蛇座	M 16	发射星云	6.0	28'×35'	8000
人马座	M 8	发射星云	4.6	80'×40'	5500
人马座	M 17	发射星云	6.0	11.0'	4900
人马座	M 20	发射星云 / 反射星云	6.3	28.0'	5200
鲸鱼座	NGC 246	行星状星云	8.5	4.0'×3.5'	1600
宝瓶座	NGC 7009	行星状星云	8.3	0.5'×0.4'	3000
宝瓶座	NGC 7293	行星状星云	6.3	16'	400
长蛇座	NGC 3242	行星状星云	8.0	0.75'	1900

事实上，密度特别大的球状星团的直径在50~100光年不等（偶尔也可能更大），含有数十万到数百万颗恒星。不过，位于球状星团中心的恒星看起来并没有我们所拍摄的照片上的那么紧密：恒星与恒星之间的距离是恒星自身直径的数十万倍。如果以人口密度来类比的话，这相当于每6万平方千米的地方住1个人，或者说像德国这么大的地方上只住了6个人。

根据恒星光谱，银河系球状星团里的恒星都是年老的天体——普遍年龄在100亿至120亿年。因此，它们一定诞生于银河系形成的早期，能够为天文学家们提供有关银河系这段时期的非常有价值的信息。与此相关最重要的信息就是球状星团的空间分布情况和它们围绕银河系中心的运动情况。与疏散星团不同的是，球状星团不是聚集在银河平面附近，而是聚集在核球周围的球状区域——银晕内。这说明，在100多亿年前，银河并不像现在这样强烈地集结成了扁平的盘状，而是球状。此外，球状星团在与银河平面夹角极大的轨道上绕着银心运动，因此，它必然会反复穿过银河的主平面，这对它的内部结构不可能没有影响——至少恒星间的气体和尘埃会被吹散，渐渐损失殆尽：球状星团中的确几乎不含有任何星际物质。球状星团能承受住这种反反复复的神风敢死队式的穿越，说明它内部通过恒星彼此间的引力而形成的凝聚力极强。

银河系中的球状星团，已被发现的大约有150个，实际总数要比这多得多。有代表性的球状星团包括武仙座中的M 13和飞马座中的M 15，此外还有位于南天的半人马ω球状星团（NGC 5139），它是全天最大的球状星团之一。

武仙座中的M 13是北天星空中的最为明亮的球状星团

球状星团的观测

在观测条件极佳的情况下，即使是最明亮的球状星团，在肉眼中也只是一块小而弥散的光斑。双筒望远镜可以更好地呈现球状星团及其周边的天区。而不同口径的天文望远镜，有的可以以光斑的形式呈现球状星团，有的还能分辨出其中的恒星。要想分辨出球状星团中的恒星，调大望远镜的倍率就行了。观测M 13——北天中最明亮的球状星团时，使用15 cm以上口径的天文望远镜的话，至少可以看到它边缘的恒星。不同的球状星团除直径和亮度有所差别外，其中恒星的数量和集中程度也各不相同。

最具观赏性的球状星团

所在星座	天体编号	视星等	直径（'）	到地球的距离（光年）
后发座	M 53	7.7	14	60 000
武仙座	M 13	5.7	16.6	23 000
武仙座	M 92	6.4	11.2	25 000
猎犬座	M 3	6.4	18	34 000
飞马座	M 15	6.0	12.3	32 000
巨蛇座	M 5	5.7	17.4	26 000
蛇夫座	M 9	7.6	9.3	24 000
蛇夫座	M 10	6.6	15.1	15 000
蛇夫座	M 12	6.8	14.5	17 000
蛇夫座	M 14	7.6	11.7	33 000
蛇夫座	M 19	6.7	13.5	35 000
蛇夫座	M 62	6.6	14.1	20 000
人马座	M 22	5.1	24	10 000
天蝎座	M 4	5.8	26.3	6 800
天鸽座	NGC 1851	7.3	11	39 000
长蛇座	M 68	7.7	12	131 000

除了天蝎座的主星——心宿二外，我们还能用双筒望远镜在天蝎座中观测到球状星团 M 4

星系

在晴朗的秋季夜晚，身处某个黑暗的观测地点，我们用肉眼就可以看到仙女座内有一块淡淡的光斑。在双筒望远镜中，这块云雾状的光斑虽然会变大一些，但仍是朦胧而弥散的。即使是用一架性能较好的天文望远镜进行观测，我们顶多也只能隐隐约约地看到一个模糊的旋涡结构。这块云雾状的光斑不是一个发光的气体星云，而是一个离我们很遥远的星系——就像我们的银河系一样，由数千亿颗恒星组成。它就是距离我们超过 2.5×10^6 光年的仙女星系，不仅是我们用肉眼能看到的最遥远的天体，

仙女星系（M 31）。在晴朗的秋季夜空中，它在人眼中是一块散发着朦胧微光的光斑

还是距离我们银河系最近的大型星系。20 世纪 20 年代，美国天文学家温·哈勃用当时最大的天文望远镜——威尔逊山天文台的一架口径为 2.5 m 的反射望远镜在仙女星系的边缘观测到了一颗颗单独的恒星，并估算了它们的亮度，从而证明了这块光斑是河外星系而非星云。

几年后，哈勃根据星系的不同外形提出了一种星系分类的方法。他将星系分为无内部结构特征但外形规则的椭圆星系、内部结构精细程度不一的旋涡星系和无法辨认结构特征且外

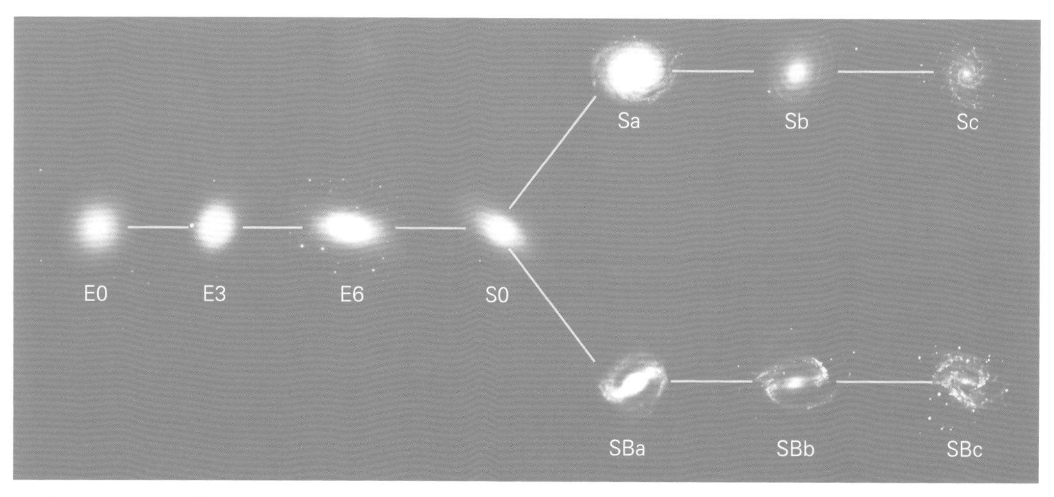

“哈勃音叉图”。哈勃将星系分为三种基本类型。图中字母 E 代表椭圆星系，S 代表旋涡星系，SB 代表棒旋星系

形不规则的不规则星系。直到今天，我们仍然会对照着“哈勃音叉图”来对遥远星系做初步的描述。

星系的观测

受限于观测技术，星系属于延展型天体，尽管它的主体部分是由恒星构成的。星系离我们非常遥远，因此，我们用普通的望远镜是无法分辨出其中的恒星的。只有大麦哲伦云和小麦哲伦云（以著名航海家麦哲伦的名字命名）是例外。大麦哲伦云离我们大约 1.56×10^5 光年，小麦哲伦云则离我们大约 2.09×10^5 光年。可惜这两个极具观赏性的小型星系都位于南天，对中欧地区的人来说它们处于地平线之下。对北半球的观测者来说，上文提到过的仙女星系（M 31）是我们在观测星系时的首选。仙女星系的外观跟我们的银河系差不多：中心区域是一个淡黄色的、明亮的椭圆形，周围环绕着旋臂，旋臂由于内含大量年轻的恒星而发出淡蓝色的光。令人感到惊奇的是，就像我们银河系拥有大麦哲伦云和小麦哲伦云一样，仙女星系身边也有两个小小的、椭圆形的伴星系。

全天第二亮的星系——三角座的 M 33 是我们检验观测条件的理想天体。在观测条件极佳的情况下，我们用肉眼就可以毫不费力地找到它；在观测条件一般的情况下，我们即使用双筒望远镜也很难找到它。想在城市的夜空中找到它，是完全不可能的。

天文爱好者在观测星系（以及所有深空天体）时都会遇到一个典型的问题：星系的表面太暗了。星系的中心往往致密而明亮，但旋臂是弥散且延展的，还非常暗弱。在用小型望远镜

仙女星系是距离银河系最近的大型星系

大麦哲伦云（左）和小麦哲伦云（右）是银河系的伴星系

观测星系时，我们不必为看不到更多的细节而沮丧，毕竟我们看的可是数百万光年外的天体。我们如果在将眼睛贴近目镜进行观测的同时在纸上画下我们看到的天体，就能将这个天体牢牢记在心里，这是一项很有趣的个人体验。当我们把自己的观测结果与用各种大型天文望远镜观测的结果加以比较时，体会这种观感上的差异同样会让自己兴奋不已。

椭圆星系在天文望远镜中呈现出来的影像是没有结构特征的，因为它们没有旋臂。位于室女座的草帽星系 M 104（见第 152 页）因其形似草帽而得名：我们正对着这个旋涡星系的侧边缘看过去，会看到它被一条环绕着星系的暗星云带一分为二。

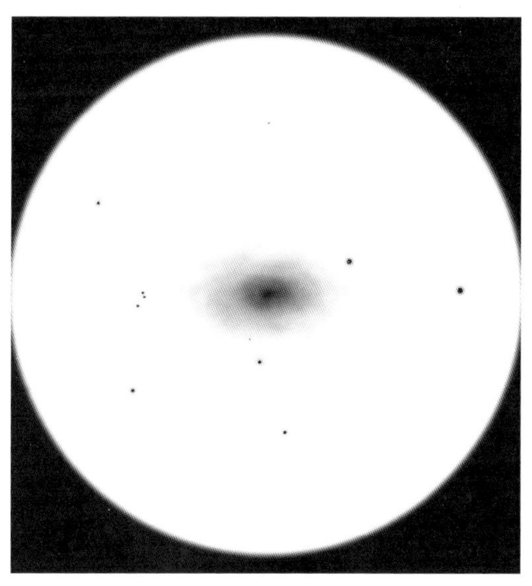

猎犬座中旋涡星系 M 63 的手绘图，根据中型天文望远镜中的影像绘制

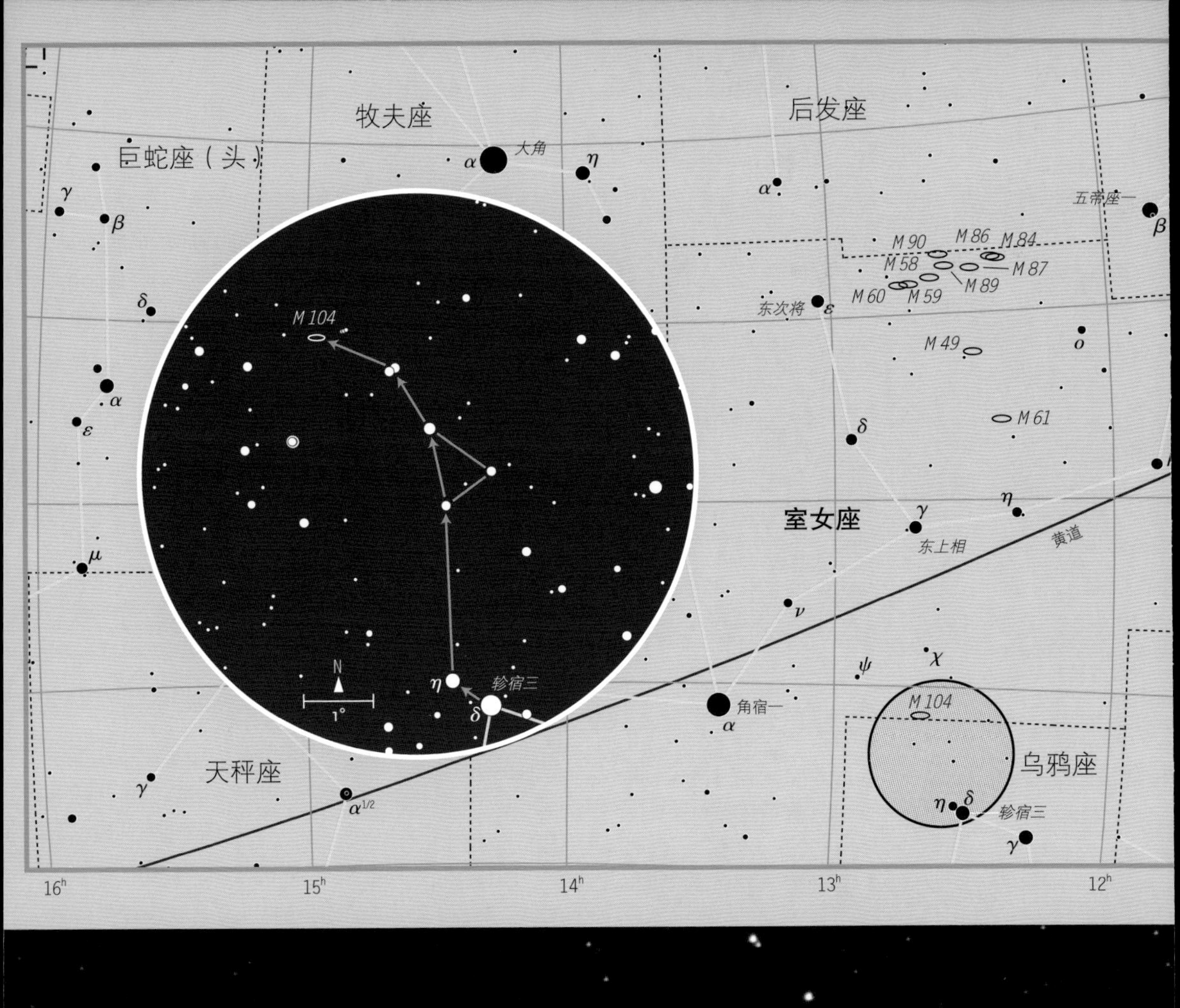

上图为室女座中草帽星系 M 104 的局部星图，M 104 在乌鸦座附近。局部放大图展现的是天文望远镜中放大的场景

下图为用米德 14 英寸的 ACF 天文望远镜拍摄的草帽星系 M 104（使用减焦镜，焦距为 3000 mm）

最具观赏性的星系

所在星座	天体编号	视星等	可视面积	星系类型	到地球的距离（百万光年）
仙女座	M 31	3.4	185'×75'	Sb	2.2
玉夫座	NGC 253	7.6	30.0'×6.9'	Sc	8
三角座	M 33	5.7	67.0'×41.5'	Scd	2.4
波江座	NGC 1291	8.5	11.0'×9.5'	SB0	30
双鱼座	M 74	9.4	11.0'×11.0'	Sc	30
鹿豹座	NGC 2403	8.5	25.5'×13.0'	Scd	10
大熊座	M 81	6.9	24.0'×13.0'	Sab	10
大熊座	M 82	8.4	12.0'×5.6'	I0	10
大熊座	M 101	8.0	26.0'×26.0'	Scd	15
后发座	M 64	8.5	9.2'×4.6'	Sab	42
猎犬座	M 51	8.4	8.2'×6.9'	Sbc	38
猎犬座	M 63	8.6	13.5'×8.3'	Sbc	42
猎犬座	M 94	8.2	13.0'×11.0'	Sab	32
猎犬座	M 106	8.4	20.0'×8.4'	Sbc	39
室女座	M 49	8.4	8.1'×7.1'	E2	42
室女座	M 60	8.8	7.1'×6.1'	E2	42
室女座	M 87	8.6	7.1'×7.1'	E0	42
室女座	M 104	8.0	7.1'×4.4'	Sa	40
狮子座	M 66	8.9	8.2'×3.9'	Sb	30
狮子座	NGC 2903	9.0	12.0'×5.6'	Sbc	23
狮子座	NGC 3521	9.0	12.5'×6.5'	Sb	23
鲸鱼座	M 77	8.9	8.2'×7.3'	Sab	50
鲸鱼座	NGC 247	9.2	19.0'×5.5'	Sd	7
长蛇座	M 83	7.6	15.5'×13.0'	Sc	15
S：旋涡星系，SB：棒旋星系，E：椭圆星系，I：不规则星系，a：旋臂缠绕紧密，c：旋臂缠绕松散					

从菜鸟到专家

天文摄影

我们只要耐心学习并加以练习，就能成功拍摄到诸多天文现象和天体，为自己和后代留下属于我们自己的天文观测笔记。我们还可以利用自己拍到的照片来做个人研究。

直接用相机进行天文摄影

天文摄影作品往往精彩绝伦，但我们都知道，照相机与人眼看到的景象其实并不一样。通过天文望远镜观测一颗行星或者一个星团时，我们看到的总是与用相机拍到的明显不同。天文摄影是一门学问，我们如果想要拍到几近完美的照片，就需要花费极多的时间和精力，此外还需要丰富的经验和价格不菲的设备。进行天文摄影时我们需要解决的最大的难题就是，因地球自转而造成的群星在天空中的转动。因此，在不使用赤道仪进行追踪拍摄的情况下，我们想要拍到的照片中恒星呈光点状，就必须将曝光时间控制在数秒内。其实用普通相机抓拍到的照片也自有其审美价值。

一台配有快门线的单反相机架在三脚架上——这些装备对我们初次拍摄星空来说够用了

必要装备

我们在进行天文摄影前需要准备哪些器材呢？这主要取决于我们准备用多大的倍率拍摄什么样的天体。倍率与成像物镜（镜头）的焦距有关。拍摄一张气体星云的彩色照片则需要将焦距调成 800 mm，拍摄行星的照片则需要将焦距调成 5 m，拍摄这两种照片均得用天文望远镜。而我们在拍摄银河时只需要将焦距调成 50 mm，也就是说使用普通相机就可以了。

适合用来进行天文摄影的相机应该具备以下特征：

- 可以进行长时间的曝光（具备 B 门装置并连有快门线）；
- 可以关闭自动对焦功能，允许手动将焦点调至无限远；
- 可以手动调节光圈（允许关闭自动模式）；
- 可以更换镜头；
- 相机底部有三脚架接口；
- 拍出的照片可以不进行数据压缩（抓拍时也可使用可压缩的 JPG 格式）。

我们如果想用相机进行固定拍摄（拍摄星迹照片或要求曝光时间较短时），则需要一台稳定的三脚架。而如果想通过长时间曝光来拍摄星空的照片，则需要一台赤道仪，以对星空进行追踪摄影。如果要对数码照片进行必要的加工处理，还需要一台装有图像处理软件的计算机。如果我们采用传统的反转片进行拍摄，那么胶片上呈现的就是最终的拍摄结果。然而现在往往只有在特定情况下才使用胶片，比如拍摄 6 cm × 6 cm 的中画幅照片时。

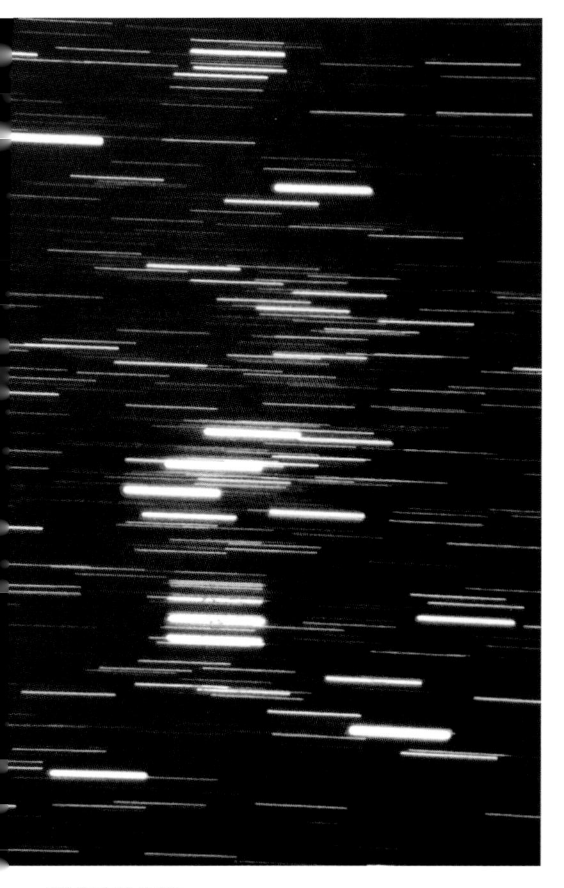

猎户座的星迹

数码相机

天文摄影爱好者现在都喜欢使用数码单反相机（简称 DSLR）。如今这种相机价格实惠，很适合初学者购买。

数码技术的优势在于：

- 拍摄的照片在相机或计算机上即刻可见；
- 无须对负片或反转片进行扫描就可以在计算机上对照片进行进一步的加工处理；
- 无须一直购买耗材（胶片）；
- 内存大（一张存储卡能比一卷胶片储存多得多的照片，并且使用硬盘存储照片也成为当下人们的普遍需求）。

与数码旁轴相机相比，数码单反相机还有如下优势：

- 可更换的镜头选择性较多；
- 可以取下镜头，将机身通过接口直接与天文望远镜相连，以天文望远镜为镜头；
- 可以将照片以无损的 RAW 格式储存；
- 感光芯片比旁轴相机的感光芯片质量好得多。

真正致力于天文摄影的人肯定有一台数码单反相机。适合天文摄影的数码单反相机的机身价格一般不会低于 300 欧元，有些型号的价格甚至高达 3000 欧元。有了机身之后我们还需另外购买镜头和附件。我们可以在二手市场买到更便宜的器材。

我们还要知道的是，市面上的数码单反相机大多有一个缺陷：它们中大多数型号的相机，在感光芯片前都装有一块特殊的滤镜——红外截止滤镜[1]，这块滤镜会使相机对红色的敏感

1 红外截止滤镜能拦截一部分红外线，以防照片发生色偏。

用数码单反相机进行天文摄影的极简配置包括：相机机身、标准镜头、广角镜头、望远镜头、快门线、存储卡和备用电池

性明显下降。在平时进行普通拍摄时我们往往不会察觉这个问题，因为相机内部的图像处理系统会做出补偿，一部分没被滤镜拦截的波长较短的红光足够用于普通拍摄了。但是许多天体——比如太阳的色球层和日珥或者红色的气体星云——发出的红光（Hα 谱线）会被该滤镜拦截。这就造成这类天体在照片中不是红色的，而是蓝白色的。我们的对策就是拆掉红外截止滤镜，然后对相机的颜色做必要的校正，比如在相机镜头前安装一块其他类型的滤镜，并且这块滤镜可随时被拆掉。必须由专业人士来拆除红外截止滤镜，一些望远镜经销商也提供相关改装服务。此外，还有专门的天文摄影相机可供我们使用。

在对同一对象进行连续多次拍摄时，可逐渐延长曝光时间，以获得拍摄该对象时所需的最理想的曝光时间

固定摄影

用一台固定在三脚架上的相机就可以拍摄星空中的星迹。但是我们在进行固定摄影时，相机的曝光时间只能维持数分钟。当照片中的背景天空过亮时，我们就要立刻停止曝光。这意味着，在城市附近较亮的天空背景下，如果我们将相机的 ISO 值设为 800，将光圈值设为 4，那么相机只能曝光 30 秒。如果想在这样的背景天空下拍到星迹很长而光点较少的照片，则可先将 ISO 值设为 100，将光圈值设为 5.6，然后曝光 8 分钟。拍摄星空时我们要记住，拍摄地点的天空越黑暗越好。

短曝光照片其实别有意趣。很多题材都适合用短曝光手段进行拍摄：由五光十色的恒星组成的星座、行星在星座中位置的变化（间隔数天或数周），以及曙暮光和流星。我们在拍摄这些题材时应使用大光圈（即将光圈值调小），比如 F1.4、F2.8，并且天空不能过亮。

如何选择正确的感光度（ISO 值）呢？感光度越高，摄影所需曝光时间越短。但是数码相机在感光度较高时成像质量较差。即数码相机的感光度越高，所拍图像中惹人厌的噪点就越多。我们建议，在进行曝光时间较长的天文摄影时（比如拍摄非常黑暗的天空），将相机的 ISO 值设在 400~800 之间，这样拍摄的照片中的噪点不会太明显。

我们该如何确定适当的曝光时间呢？曝光时间除了与所选的光圈和感光度有关外，还与天空的亮度有关。城市的夜空比较亮，在城市我们只能进行短曝光拍摄，否则拍到的照片就会曝光过度。但是曝光时间短的话，我们能拍到的恒星数量有限，因此，我们最好在天空极为黑暗的地点进行拍摄。我们可以从曝光 10 秒开始，逐张照片地成倍增加曝光时间。何时中断这组拍摄，取决于我们设定的 ISO 值。但是我们将相机曝光 15 分钟后无论如何都要中断拍摄，因为相机曝光了这么长时间后，所拍的照片中要么天空过亮，要么噪点过多。数码相机在这方面有一个明显的优势：照片能立刻在相机显示屏上显示出来；并且当我们将相机连到计算机上时，照片能在计算机屏幕上显示出来。我

这张经过极长时间曝光的猎户座星迹照清晰地显示出恒星的不同颜色

只要曝光时间不超过某个数值（见下表），我们就可以拍出光点状的恒星

们拍好后应该在观测笔记中记下所有照片的拍摄日期、拍摄时间和所在时区（比如中欧时区）、拍摄对象、镜头焦距、光圈值、ISO 值和曝光时间。一张照片如果刚好能清楚地展示背景天空，就说明我们拍摄时采用的曝光时间是适当的。我们应将这一曝光时间作为该拍摄地点的标准曝光时间记在观测笔记中，以备日后查阅。另外，用数码相机进行拍摄的各项参数都会被自动地储存在照片数据中，我们将来可以从计算机上直接读取，所以我们在观测时无须将所有的数据一一记录下来。

我们如果想在数小时内拍出较长的星迹，以感受比如恒星围绕天极的转动，还可以这样做：先用数码单反相机连续拍摄多张照片，并确保每张照片的曝光时间均为数分钟，然后用计算机将多张照片合成。而我们如果想让恒星在照片中呈光点状，就要将感光度调高——比如将 ISO 值设置成 800、1000 或 1600，将曝光

固定摄影时相机的最长曝光时间

焦距（mm）	最长曝光时间（s）		
	赤纬 =0°	赤纬 =45°	赤纬 =60°
28	14	20	28
50	8	12	16
80	5	7	10
135	3	4	6
300	1.5	2	3
500	0.75	1	1.5
1000	0.25	0.5	0.75

时间缩短，使“天空的转动”不会在照片中留下痕迹。我们想拍摄光点状的恒星时，相机最长能曝光多长时间取决于镜头的焦距和拍摄对象的赤纬值。其实，望远镜头[1]很少被用于固定摄影。因为第一，F4~5.6 的望远镜头和变焦镜头的光圈小；第二，我们在进行固定摄影时，恒星在底片或者感光芯片上的某一固定位点只能停留很短的时间，也就是说曝光时间过短。因此，进行固定摄影要使用 F1.4~2.8 的大光圈的广角镜头或者标准镜头。下面的表格给出了不同焦距和画幅的数码相机的视野范围。普通的数码单反相机一般都是半画幅的感光芯片（大约为 18 mm × 24 mm）。高品质的数码单反相机则可能拥有全画幅的感光芯片，尺寸与传统的 135 胶片的尺寸一样，为 24 mm × 36 mm。相同焦距下，数码相机的感光芯片尺寸越小，视野范围就越小，跟长焦距的效果一样。成像清晰度与画幅相关，半画幅芯片的成像清晰度要比全画幅芯片的差，因为后者往往像素更高。

在进行天文摄影时，为方便比较和估测，请记住以下数值：月亮的视直径为 0.5°，猎户座中的亮星参宿四与参宿七之间的距离为 19°。

跟踪摄影

与固定拍摄不同的是，我们在对天体进行跟踪拍摄时需要一台跟踪装置。这台跟踪装置的功能是使天文望远镜和相机始终精确地“跟随天空转动”。对初学者来说，进行天文跟踪摄影时，既不需要使用大型天文望远镜，也不需要购买高端的跟踪装置，一架小型天文望远镜加上一台小型跟踪装置就够了。

不同焦距和画幅下视野范围的比较

焦距（mm）	视野范围		
	半画幅芯片（18 mm × 24 mm）	全画幅芯片（24 mm × 36 mm）	中画幅芯片（60 mm × 60 mm）
28	32.7° ×46.4°	46.4° ×65.5°	94° ×94°
30	30.9° ×43.6°	43.6° ×61.9°	90° ×90°
50	19.8° ×27.0°	27.0° ×39.6°	62° ×62°
80	12.7° ×17.1°	17.1° ×25.4°	41° ×41°
135	7.6° ×10.2°	10.2° ×15.2°	25° ×25°
180	5.7° ×7.6°	7.6° ×11.4°	19° ×19°
300	3.4° ×4.6°	4.6° ×6.9°	11° ×11°
500	2.1° ×2.8°	2.8° ×4.1°	7° ×7°
1000	1.0° ×1.4°	1.4° ×2.0°	3.4° ×3.4°
2000	0.5° ×0.7°	0.7° ×1.0°	1.7° ×1.7°

1 望远镜头的焦距一般在 800~1200 mm。

旋门跟踪器

手工爱好者可以用木头自制一台旋门跟踪器。它能大致对准北天极，我们通过手动旋转它来进行跟踪摄影。我们可以在网上找到相关制作方法，也可以从器材专卖店直接购买这种装置。市面上的旋门跟踪器是金属的，还配有马达和电池，机械性能很好。与笨重的赤道仪相比，它携带起来要轻便得多。

赤道仪

我们常将赤道仪与天文望远镜组合起来使用，这样就可以通过天文望远镜精确地监控和校正相机对某颗恒星的跟踪情况了。这种组合使用方法也使得摄影时更长的焦距和更长的曝光时间成为可能。

可以采用以下两种方法进行天文跟踪摄影。

第一，用相机自带的镜头拍摄，用一架小型天文望远镜监控跟踪情况。这种方法尤其适合初学者使用。一些有一定经验的天文摄影师也会采用这种方法，比如在他们想要获得视野相对较大的深空照片时（他们使用的是 CCD 相机，CCD 相机的相关内容详见下文）。

第二，用一架天文望远镜作为相机的望远镜头，用另一架天文望远镜监控跟踪情况。这种方法既适合资深天文摄影师使用，也适合有一定经验的初学者使用。

将相机和天文望远镜固定在一起的方法很多，其中一种就是将它们并排固定在一块金属板上，金属板则被安装在赤道仪的赤纬轴上。用这种方法可以并排安装多台相机。

最理想的方法其实是将相机固定在一个稳定的球头云台上。我们可以通过转动球头来使相机非常精确地对准拍摄对象。

为了实现跟踪摄影，可以用云台将相机和望远镜并排固定在一起

第三种固定相机的方法是将相机以“驮背装载”的方式直接安装在望远镜镜筒上。我们可以在器材专卖店里购买到所需的附件。还有一种方法是用一台或多台相机取代平衡重，并将它们固定在赤道仪赤纬轴的另一端。这样可以降低整套设备的重量，但前提是赤道仪的平衡杆能随着赤纬轴一同转动（并不是所有赤道仪的平衡杆都可以这样）。

精准跟踪摄影

在理想情况下，赤道仪被马达精准驱动的话，恒星会在相机的感光芯片上始终精确地对应一个点。但是由于机械驱动不精确，这种理想状态往往很难达到。因此，我们要想实现精准跟踪拍摄，必须对相机进行监控，具体方法有以下两种。

第一，通过一个与望远镜平行的十字丝目镜目视监控恒星的位置。十字丝目镜有各种形式：单十字丝的、双十字丝的、网格线的和反射式发光十字丝的。理论上，十字丝目镜的倍率不应超过望远镜的最大有效倍率，然而为了达到监控的目的，我们可以选用更大倍率的。

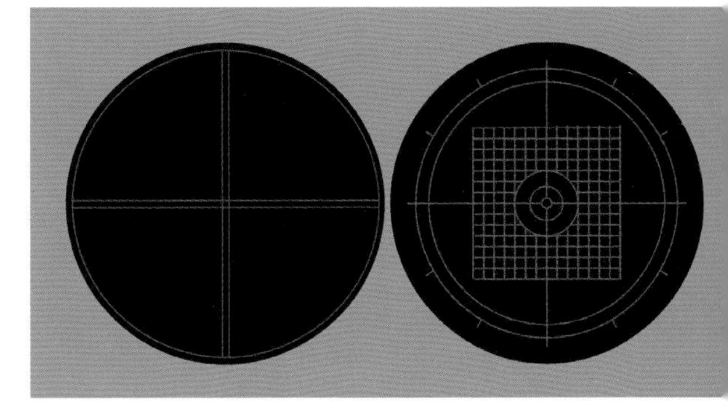

带照明的十字丝目镜，配有不同形式的分划板

在整个曝光过程中，我们要密切跟踪用十字丝目镜瞄准的恒星，并调节赤经轴和赤纬轴，使该恒星一直处于十字丝的中心。焦距越长，跟踪就越要精准。理想的情况是：恒星始终处于十字丝的中心。我们很容易就能测出跟踪的精准度。首先瞄准一颗位于南方天赤道附近的恒星，然后将普通目镜换成十字丝目镜。关掉跟踪驱动的话，恒星每秒移动 15"，我们就能根据十字丝目镜中恒星移动的距离推算出对应的跟踪误差。

第二，使用自动导星装置。自动导星装置是一种电子设备，能探测恒星目前的位置相对初始位置的误差，并将位置误差信号传送给赤道仪上的电子控制器，从而完成误差校正工作。市面上有各种品牌、各种型号的自动导星产品。从本质上来说，自动导星装置其实就是一台小型的、非常灵敏的 CCD 相机（小型相机机身内置小型感光芯片），它代替目镜被安装在望远镜上，连续拍下望远镜中的影像，然后比较自己拍摄的照片。如果比较后发现恒星的位置出现了偏差，它就会通过赤道仪进行调控，使恒

使用标准镜头对天琴座进行跟踪拍摄所获得的照片

我们在用大光圈拍摄时，相机镜头里会出现明显的暗角（左）。将光圈调小一至二挡可以避免这种情况（右）

星在望远镜中回到原来的位置。这样一来就确保数码单反相机始终处于精准跟踪拍摄的状态。因此，即使相机曝光时间很长，所拍摄的恒星也能始终保持光点状。

天文摄影初学者常犯的一个错误是：从一开始的学习阶段就习惯用长焦镜头。他们对自己起初拍摄的照片肯定不满意（我们学习天文摄影时尤其需要多多练习），因此很快就会丧失兴趣。更好的做法是从用短焦镜头开始，逐渐过渡到使用长焦镜头。这里所说的“短焦镜头”其实就是广角镜头。如果用广角镜头拍摄的大多数照片都成功了（对曝光时间的掌握、照片清晰度都令人满意），就可以换用焦距相对较短的望远镜头。如果用这种镜头拍摄的技巧也都掌握了，就可以尝试使用小型天文望远镜拍摄。这种循序渐进的做法可以让天文摄影初学者一直拥有成就感、持续进步带来的动力和许多乐趣。

为了使成像质量更好，我们可以将光圈缩小 1 挡或 1.5 挡。为此，曝光时间要延长至原来的 2 倍或 3 倍。

通过天文望远镜进行天文摄影

我们将通过天文望远镜进行的天文摄影分为中焦摄影和长焦摄影。在进行中焦摄影时，我们将天文望远镜作为望远镜头，将数码单反相机的机身直接与望远镜相连，不使用望远镜的目镜，也不使用相机自带的镜头。我们可以在器材专卖店里购买转接环，用它将相机机身固定到望远镜的目镜接口上。适合用天文望远镜摄影的题材十分丰富：整个日面以及其上的黑子（须在望远镜镜头前安装太阳滤光片），月球的不同相位，金星的不同相位，木卫和土卫们的排列方式，彗星，遥远的双星、星团和星云等。我们在用天文望远镜进行天文摄影时，可选择的焦距从较短的折射望远镜的 500 mm，到牛顿反射望远镜的 800 mm，一直到市面上流行的施密特 - 卡塞格林望远镜的 2000 mm 不等。使用较大型的业余天文望远镜的话，焦距更长。

曝光时间则取决于拍摄对象。拍摄太阳和月球时的曝光时间要短，仅需数秒；拍摄双星和

直焦摄影：将天文望远镜作为大型望远镜头使用

用左图中的天文望远镜与数码单反相机的组合拍摄的月球

行星的卫星们则需要曝光数秒至数分钟不等；而对星团和星云来说，我们如果想拍到除了它们最亮的中心区域以外更多的细节，则需要将相机曝光特别长的时间。和使用广角镜头拍摄一样，用天文望远镜拍摄时，我们刚好能够辨认背景星空时相机的曝光时间就是标准曝光时间。我们要记住一条不成文的法则：曝光时间越长，越难获得好照片。

进行长焦摄影的话，我们则要进行极为精准的跟踪拍摄。如果赤道仪的马达性能足够好（不会发生震动或抖动，以均匀的转速运转），在曝光时间较短时，我们可以信任它的精准度。但曝光时间较长的话，我们就得对跟踪拍摄的精准度加以监控和校正。可以采用以下两种方法。

一是采用两架望远镜，第二架望远镜与主望远镜平行，用第二架望远镜的十字丝目镜或者自动导星装置进行跟踪。二是采用所谓的“离轴导星法”。为此我们需要一个离轴导星器，可去器材专卖店购买。离轴导星器可以在主望远镜中的一部分光到达相机之前将它们从目镜调焦座处偏转到一侧，然后我们就可以在那里通过十字丝目镜或者自动导星装置来进行监控。这是一种可靠性极强、精准度极高的方法，但在实践中，我们往往因拍摄对象附近缺乏合适

在用天文望远镜进行天文摄影时，用一架配有十字丝目镜或者自动导星装置的导星镜来监控跟踪拍摄的精准度十分必要

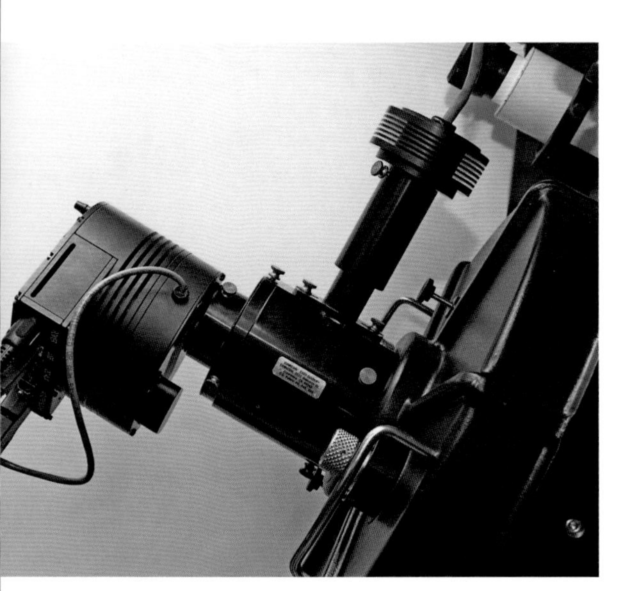

本图中，一台大型 CCD 相机用于拍摄，一台小型 CCD 相机与离轴导星器配合使用来监控跟踪情况

的引导星而无法使用这种方法。

放大摄影

我们如果想拍摄太阳黑子、月球表面的细节或者行星表面的相对较小的结构，就需要望远镜的焦距在 2 m 以上。我们即使使用增距镜（一种相机附件）也不能获得这么长的焦距。那么如果望远镜的焦距比较短，我们该如何获得长焦距呢？这里有一个方法——目镜投影法。先用一个相机适配器将相机机身固定在望远镜的目镜接口上（器材专卖店中出售的相机适配器大多可用）；再在这个适配器中安装一个目镜，这个目镜将起到投影仪的作用，从而在相机的感光芯片上形成一个放大很多倍的天体影像，这样得到的焦距我们称之为“等值焦距”。目镜焦距越短、目镜与相机之间的距离越远，有效焦距就越长。掌握了这种放大摄影的技巧就相当于进入了天文摄影的“高等学府”。然而焦距变长后也会带来一些问题：第一，由于整个组合的焦距过长，拍摄对象会变得过暗，对焦将成为一个难题；第二，曝光时间也会更长；第三，由于焦距过长，对跟踪的精准度和台架的稳定性的要求也就更高。即使是资深天文爱好者，上面这些问题对他们来说也是巨大的挑战；想要解决这些问题，他们需要拥有极好的耐心并进行系统的钻研。

无焦摄影

傻瓜数码相机所具有的独特优势是：具有超级变焦功能和极为紧凑的结构，但它不能像单反相机一样更换镜头。因此，我们在用它连接天文望远镜进行天文摄影时，不能在天文望远镜原本的焦点处成像。不过我们可以采用一种叫作“无焦摄影”的方法。将傻瓜数码相机的机身和镜头一起通过一个支架（在器材专卖店里可以买到）安装在天文望远镜目镜之后。这

一台傻瓜数码相机通过支架固定在天文望远镜目镜之后

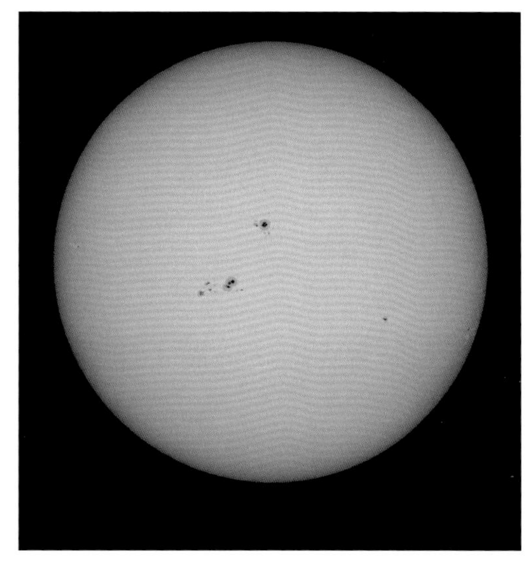

将傻瓜数码相机置于天文望远镜后进行无焦摄影所获得的两张照片：左为上弦月，右为太阳及其表面的黑子

样一来，我们通过傻瓜相机看到的画面就与在望远镜目镜中看到的画面一致了。整套设备（望远镜、目镜和傻瓜数码相机）的等值焦距 f_{eff} 由倍率 V 和傻瓜数码相机镜头的焦距 f_{obj} 决定：

$f_{eff}=V\times f_{obj}$

将一个倍率为 40 倍的目镜和一个焦距可调至 100 mm 的傻瓜数码相机镜头组合，我们就能获得 4 m 的等值焦距。傻瓜数码相机与望远镜目镜要贴合得尽可能地紧。在曝光时间不到 1/100 秒时，我们可以直接手持傻瓜数码相机并将它置于望远镜目镜之后。如果傻瓜数码相机已经被固定在目镜之后，我们可以通过望远镜的目镜调焦座来对焦。用傻瓜数码相机的自动对焦功能顶多只能拍到占满显示屏的月球，我们最好关掉这个功能。我们可以通过用目镜调焦座调节焦距并观察相机显示屏上显示的画面，试拍几张照片来对焦。当月球表面的明暗界线位于画面中央时，我们可以用无焦摄影这种方法。拍摄月球时，我们要将傻瓜数码相机的焦点调至“无穷远”，将光学变焦的倍数调至最大，这样月球才会占满整个画面。不要使用数码变焦！之后我们可以通过目镜调焦座调节目镜的焦距，以将相机显示屏中月球表面的细节调至清晰。拍好后将照片以最佳图像质量储存。记住，曝光时间如果超过 1/100 秒，我们必须让望远镜自动跟踪拍摄对象。

拍摄太阳时要在望远镜镜头前安装太阳滤光片，所需的曝光时间与拍摄月球时所用的曝光时间相当。

数字图像处理技术

降噪功能

具有降噪功能是数码单反相机的一大特征。这个功能被开启后，数码单反相机在拍摄完一张照片后，会自动拍摄一张所谓的暗场照片，从而去除相机的固定噪点（暗场校正）。如果曝光时间长达数分钟，或者我们用的相机不具备这个功能，我们就要在拍摄完天文照片后，亲自用与刚才相同的参数再拍摄一张暗场照片，即将望远镜或相机镜头的镜头盖盖好后拍摄一张照片，曝光时间须与刚才拍摄天文照片时的一样。然后通过计算机上的软件去除天文照片中暗场照片上也有的噪点，从而为图像降噪。

另外一个可以提高图像质量的方法是堆栈，也就是将多张照片叠加（更准确说叫“平均”）。用来叠加的照片越多，最后获得的图像质量就越好。所以我们何不针对同一天体拍摄 100 张甚至更多的照片，然后在计算机中堆栈降噪呢?

而所谓的“亮平场校正”，可以修正来自望远镜、相机和滤镜的其他误差因素：比如感光芯片感光不均匀、光学平面上的灰尘粒子等。拍摄亮平场时的参数也要与拍摄天文照片的参数一样。我们将拍摄的亮平场照片与天文照片导入计算机后，计算机会根据亮平场的信息来处理天文照片。亮平场的拍摄需要一个明亮且亮度均匀的平面。这种图像处理方法非常复杂，我们在此不多阐述，有兴趣的读者可以阅读相应的天文摄影专业书籍。

存储格式

用数码相机拍照时，照片的存储格式既可以是 JPG 格式，也可以是 RAW 格式。JPG 格式虽然支持高级别的压缩，可以节约大量的存储空间，但会损失照片信息，影响照片质量。在进行天文摄影时，将照片存储为 RAW 格式更为适当。我们可以通过内置在数码相机中的图像处理程序将 RAW 格式转换成应用比较广泛的文件格式（比如 TIFF）。

我们只有用计算机将数码相机拍摄的天文照片加工处理后才能更好地将它们展示出来。将这些照片以某种格式储存起来后，我们可以去打印店或者用个人打印机将它们打印出来。

举例说明天文摄影的图像处理步骤

让我们用具体例子来简单地说明一下天文摄影的图像处理步骤。这里有一张猎户座发射星云 NGC 2174/2175 的照片，是用 100 mm 口径、640 mm 焦距的折射望远镜拍摄的。这张照片拍摄时 ISO 值为 800，曝光时间为 10 分钟，使用的相机型号为天文摄影专用机佳能 20Da。

首先，我们要根据相机的说明书对所拍摄的照片（图 a）进行校正。我们使用的相机的品牌和型号不同，所用的校正方法也不同。其

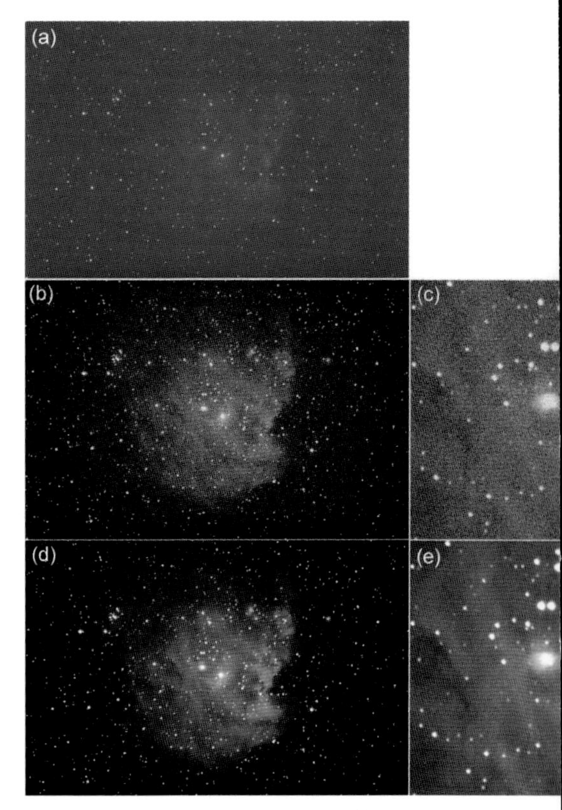

对疏散星团 NGC 2175 周边的发射星云的照片的处理，详细处理过程见正文

次，用相机内置的或者自选的图像处理软件（比如 Adobe Photoshop、PaintShop Pro）调整照片的对比度和亮度，使拍摄对象更加美观（图 b）。这时我们可以将自己拍摄的照片与天文杂志上的图片或者网络论坛中由资深天文摄影师拍摄的照片对比，将照片的颜色和对比度调整得与它们的大致相似。我们要记住的是，每处理一次照片就要将其另存为新文件。并且一定要将原始照片妥善保存起来，比如刻成光盘或者在另一个硬盘上备份。即使我们已经对处理后的照片很满意，它也可以变得更好。如果我们仔细观察范例照片被处理后的版本（图 b）的局部放大图（图 c），会发现它有相当多的噪点。不过，拍摄多张照片的话很容易就能解决这个问题。本例中我们拍摄了 4 张照片，将它们经过初步的处理后叠加，也就是说将这 4 张照片通过一个图像处理软件进行堆栈处理。

堆栈处理后的照片（图 d），我们也要调整它的亮度和对比度。它的局部放大图（图 e）显示，现在照片中的噪点明显比原来的少得多，图像质量在很大程度上提高了——我们可以看到更精细的天体结构细节。所谓的堆栈就是用专门的软件来将一张张照片进行精确的图层叠加，得到一张平均化的合成照片。比较受欢迎的软件或程序（可以从网上下载获得）包括：RegiStax、Giotto、Deep Sky Stacker 或者 REGIM。

用网络摄像头进行天文摄影

网络摄像头其实就是一台微型数码摄像机，内置一个与数码相机芯片类似的感光芯片。其存储文件小到所拍摄的动态图像可以直接通过网络传播。用它拍摄的单帧图片的质量并不是很好，但是对网络传播来说足够了。那么，网络摄像头在天文摄影中具有哪些优势呢？

网络摄像头可能采用两种类型的感光芯片：一种是与数码摄像机一样的真正的 CCD 芯片，另一种是物美价廉的 CMOS 芯片。用后者拍摄的照片噪点更多。因此，采用 CCD 芯片的网络摄像头更适合用来进行天文摄影。CCD 芯片的分辨率通常为 640×480。如果 1 个像素的边长为 0.0056 mm，那么一块 CCD 芯片的分辨率就与一台数码单反相机芯片的分辨率差不多了，因此它很适合用来拍摄月球、太阳和行星表面的细节。由于内含的芯片尺寸较小，网络摄像头不适合用来拍摄视面积更大的天体。

就像我们知道可以用相机适配器将数码相机机身与望远镜目镜接口相连一样，我们也要知道将网络摄像头固定在望远镜目镜接口上的方法。因此，用网络摄像头进行天文摄影的重要前提是，它的镜头必须是可拆卸的。我们在器材专卖店里可以买到一种适配器，它的一端通过螺纹与网络摄像头旋在一起，另一端则通过套筒连接望远镜目镜。使用网络摄像头进行天文摄影时需要一台计算机。因此，与使用数码单反相机进行天文摄影相比，使用网络摄像头进行天文摄影的技术成本更高，但是后者实施起来很方便。因为使用网络摄像头得到的不是单张照片，而是一个视频片段，所以计算机中的可用硬盘空间至少要有数 GB。

网络摄像头的软件窗口会在计算机显示屏上实时显示摄像头拍摄到的画面。我们可以更改每秒图像的帧数、曝光时间以及其他参数（亮

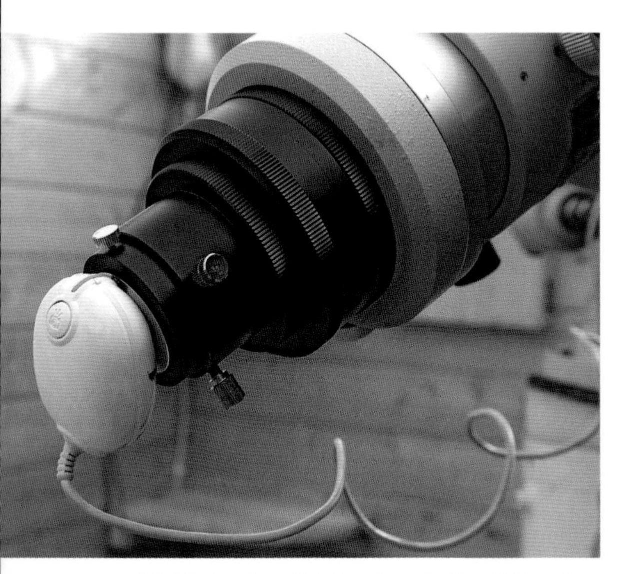

网络摄像头很容易就能插入望远镜的目镜接口中

度和对比度等），还可以根据眼睛看到的图像调整快门速度和增益值，从而得到最理想的图像。

将望远镜对准月球或者某颗行星并尽可能准确地对焦之后，我们就可以拍摄一段时长为 1~3 分钟的视频。这段视频可通过计算机的视频播放软件播放。不出意外的话，视频画面并不会让我们感到特别惊艳，但是这段视频经过我们的后期加工处理后，会成为一张非常清晰的照片。

市面上常见的简易网络摄影头都非常便宜，而且易于操作。具体哪个品牌、哪个型号的网络摄像头最适合用来进行天文摄影，我们最好通过天文爱好者论坛、写给天文爱好者的专业书籍和文献或者星友协会下的天文摄影小组去了解。

天文摄像头

我们如果已经在使用简易网络摄像头方面积累了一些经验，并且想要在天文摄影上更上一层楼，那么可以改用高灵敏度和高分辨率的天文摄像头。市面上有大量此类摄像头售卖，这些摄像头几乎可以满足我们的各种需求，但是价格不便宜——最起码要几百欧元，单从价格上看它们就与普通的网络摄像头划清了界限。天文摄像头有黑白和彩色之分，有大芯片和小芯片（大画幅和小画幅）之分，有低帧率和高帧率（最高为每秒 60 帧）之分。与普通的网络摄像头相比，这种新科技产品具有极大的优势：拍出的照片噪点更少，灵敏度更高，单帧图片所需的曝光时间更短，以及单位时间内拍到的图片帧数更多。

使用专门的天文摄像头能极大提高所拍摄的照片的质量

月球克拉维斯环形山：由上图中的天文摄像头和望远镜的组合拍摄

用天文摄像头拍到的土星视频中的单帧图片清晰地呈现出卡西尼环缝和土星阴影

从视频片段到清晰的图片

如何才能获得月球和行星那些美丽且非常清晰的图片呢？正如我们前面所说的，用网络摄像头拍摄的视频片段的单帧图片的质量并不是特别好。而且，由于时刻存在大气湍动的干扰，我们只有足够幸运才能偶尔拍到一张清晰的照片。

现如今，我们获得一张清晰的图片的秘诀在于：对一段由成百帧甚至上千帧图片组成的视频进行加工处理，从而合成一张最清晰的图片。有许多软件可以帮我们完成这个工作，比如Giotto、RegiStax、AutoStakkert 和 AviStack，它们都是专门用来将视频图像进行叠加的软件。用于叠加的单帧图片越多，噪点就越少，最终获得的图片质量就越好。一段视频中能用来叠加的图片的张数与视宁度有关。从本页右上图我们可以看出，图片质量随着叠加所用的单帧图片张数的增加而慢慢提高了。而这仅仅是对来自视频的 1 万张单帧图片中 3% 的图片进行叠加的效果。如果视宁度更好一些，一段视频中最多有 80% 的单帧图片可以用于叠加。

用天文摄像头拍到的木星视频中的单帧图片。上为原始图片，下为由视频片段中的多张单帧图片叠加后得到的图片

天文摄像头当然不仅仅局限于用来拍摄行星圆面，还可以用来拍摄诸如太阳黑子、月球表面等视面积较大的题材。不过天文摄像头的视野很小，我们需要进行多次局部拍摄，然后用计算机中的软件将一些局部图像拼成一张完整的图像。

各类天文摄影适宜拍摄的题材

▶ 固定摄影（使用广角镜头或标准镜头）：
星迹（天极或地平线处效果最好）
流星、人造卫星
夜光云、极光

▶ 跟踪摄影（使用广角镜头或标准镜头，不进行跟踪监控）：
含有暗弱天体的星座

▶ 跟踪摄影（使用望远镜头）：
太阳、月球、日食与月食
星区、气体星云、星团
小行星、彗星

▶ 跟踪摄影（相机与望远镜组合使用，不使用望远镜的目镜）：
太阳、月球
气体星云、星团、星系
小行星、彗星

▶ 跟踪摄影（相机与望远镜组合使用，使用望远镜的目镜）：
太阳、月球、行星

天文 CCD 相机

由不同厂家生产的、专为天文摄影设计的 CCD 相机代表了天文摄影技术发展的最高水平。为降低所拍照片的噪点，厂家将这种相机中高灵敏度的 CCD 芯片置于很低的温度下（-20℃或者更低）。因此，CCD 相机很重而且耗电非常厉害。然而这种相机的灵敏度极好，好到没有哪一台数码单反相机可以与之比拟。即使是非常暗弱的延展型天体，我们也能用它拍出高质量的照片，照片品质不输大型天文台的作品。CCD 相机一般是黑白的（现在也有越来越多的彩色 CCD 相机问世）。想要得到彩色照片，我们在拍摄时要使用不同颜色的滤镜（红色的、绿色的和蓝色的），然后使用计算机中的图像处理软件将拍到的这些照片合成彩色图片。当然，每用一种滤镜都要拍摄多张照片以便后期降低噪点。要想拍摄极为遥远的深

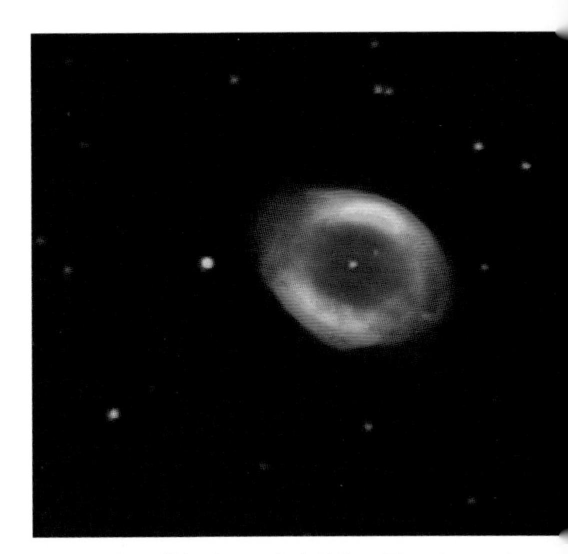

用 CCD 相机拍摄的天琴座中的指环星云（M 57）

猎犬座中的 M 106 星系：由 20 cm 口径的天文望远镜与 CCD 相机组合拍摄

空天体，总共最起码要花 50~100 小时进行曝光。CCD 相机并不便宜，操作起来也相当复杂。然而，许多业余天文摄影者心甘情愿为它散尽千金，只为获得更好的作品。当然，获得一张完美的深空照片的首要条件就是有一片尽可能黑暗的夜空！

就像世间万事一样，想要从一名业余天文摄影者成为一位大师不可能一蹴而就。我们要想达到某一目标，成功的关键永远是投入大量时间和精力。只要多加练习、坚持不懈，我们一定可以拥有一件属于我们自己的、瑰丽无比的天文摄影作品！

总曝光时间长达近 10 小时，并采用单色滤镜和 Hα 滤镜来提高对比度，最终成就了这张猎户座马头星云的深空照片

观测笔记

观测笔记对个人的天文观测极有帮助。我们只有将每一次观测情况记录在案，才能从中积累经验，从而在未来的观测活动中有更好的表现。我们可以从观测笔记中回顾：我们在什么时候观测了哪个天体？是如何观测的？观测结果如何？下一次观测时我们可以在哪些方面改进？除独自进行观测外，我们还可以与他人多交流经验，这也是提高自身水平的最重要、最实用的方式。加入专业小组，与他人一起观测，可以增加天文观测的乐趣。

魏纳 · E. 策尔尼克用 A5 大小的、非常结实的练习本做观测笔记本，以确保它能承受观测过程中的大力翻扯。需要绘图时，我们可以将单页白纸铺在硬板夹上。书写和绘图的工具，我们推荐防水笔，以防空气潮湿和突如其来的大雨（这种情况常发生）使字迹无法辨认。

记录观测结果

观测笔记跟日记差不多，我们可以用自己的语言来描述自己观测到了什么或者自己的观测体验。建议观测笔记中包含以下要点。

- ▶ 被观测天体或天文事件的名称
- ▶ 观测日期、时间和所在时区
- ▶ 详细的观测地点
- ▶ 气温和空气湿度（如果可能的话）
- ▶ 大气能见度等级：1~5（1：极晴朗；5：大雾）
- ▶ 视宁度等级：1~5（1：极佳；5：极差）
- ▶ 所使用的望远镜
- ▶ 所使用的目镜及其倍率
- ▶ 是否使用滤镜
- ▶ 对目视感受做尽可能准确的描述
- ▶ 最好附一张简单的手绘图

天文摄影笔记

我们在进行天文摄影时尤其要做详尽的记录。数码相机会将许多参数与图片一同储存起来。最好将每张照片都按时间顺序编上含义明确且连续的编号，日后我们要将这些编号分别设置为各自的文件名并记录在纸质观测笔记中。关于照片，我们可以记录以下要点。

- ▶ 照片编号
- ▶ 被拍摄的天体
- ▶ 拍摄地点
- ▶ 拍摄起始日期和时间
- ▶ 曝光时间
- ▶ 所使用的相机主机（尤其是感光芯片的尺寸）
- ▶ 镜头的光圈（最大光圈和瞬时光圈）
- ▶ 镜头的焦距（变焦范围和所用焦距）
- ▶ 所使用的滤镜
- ▶ 气温和空气湿度（如果可能的话）
- ▶ 大气能见度
- ▶ 视宁度
- ▶ 照片的质量
- ▶ 如果是连续拍摄多张照片，需要明确标出来，还要注明连续拍摄的时间段以及所拍摄照片的张数

观测笔记

天体名称： NGC 4711　**其他名称和编号：** 科隆香水星系

所属星座： 猎犬座　**赤经值：** 08 h 15 m　**赤纬值：** −07° 12′

类型： SBc　**大小：** 14′×3′　**视星等：** 12.2

倍率： 100 ×

视场： 约 30′

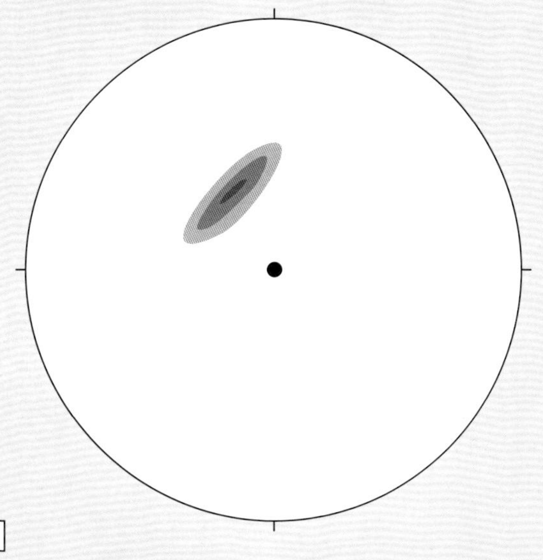

滤镜： 无

寻星镜中是否可见： □

望远镜型号： C8

类型： SCT　**口径：** 200 mm　**相对口径：** f /10

观测条件：

日期： 2002 年 4 月 1 日　**时间：** 23:30（世界时）

地点： 诺伊施塔特　**极限星等：** 约 5.5

描述：

观测条件不太理想。地平线处有轻度尘埃。视宁度佳。根据测天图和星桥法找到 NGC 4711。该星系难以辨识，只能间接看到。附近的 10 等星提供了重要的帮助。只有星系的中心区域可见，故看到的比实际大小小得多。计划再用 CCD 相机进行拍摄。

观测者： 汉斯·梅尔克韦格

个人观测笔记示例

星图

这里的 6 张局部星图构建了整个星空。各张局部星图中均给出了该天区所有视星等在 5 等以内、肉眼可见的恒星。其中暗蓝色线条是天球赤道坐标系的赤经线和赤纬线，星座形状用亮蓝色线条勾勒，星座之间通过白色线条区隔。

北天极区

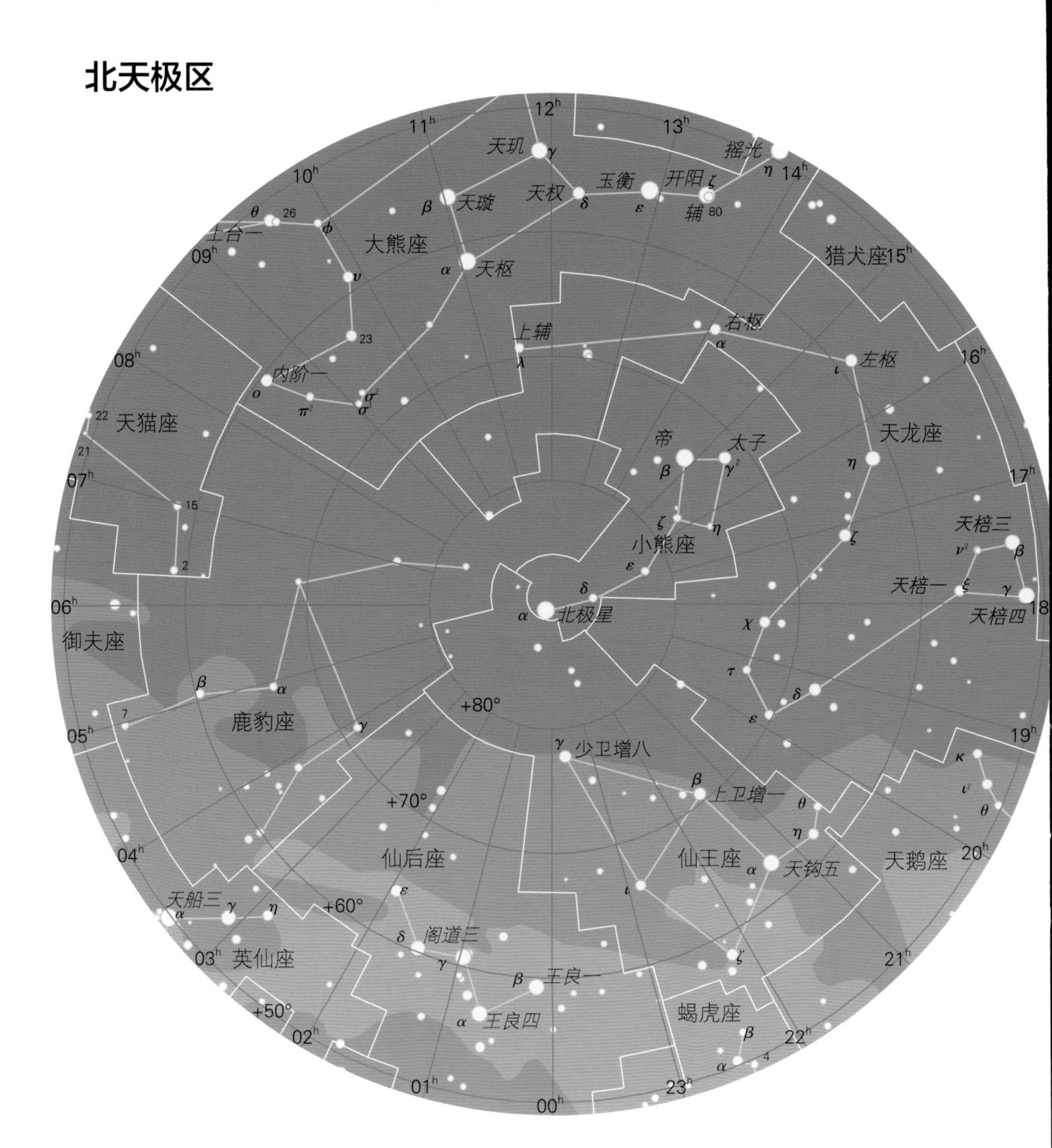

南天极区

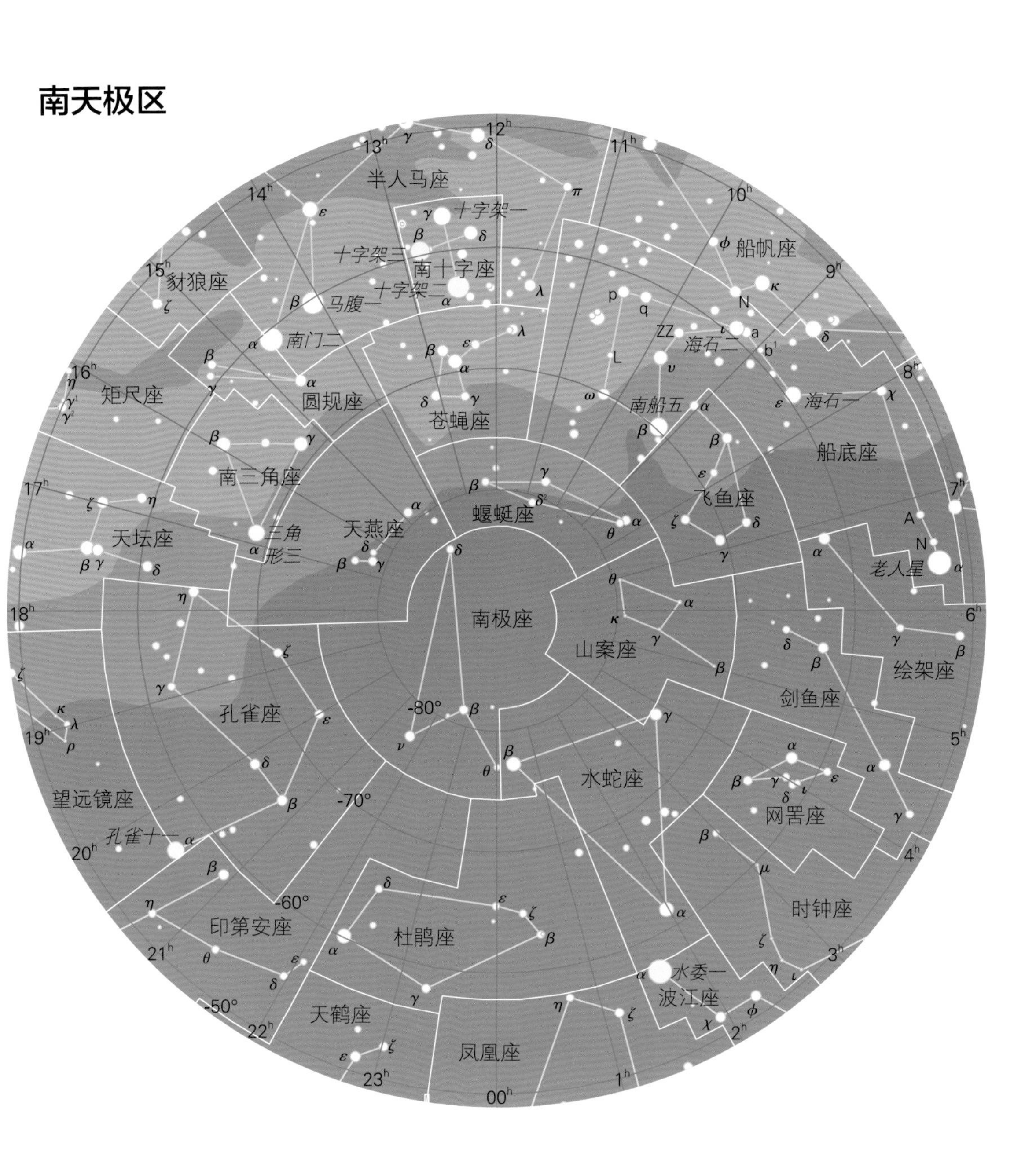

半人马座
十字架一
十字架三
南十字座
十字架二
马腹一
南门二
豺狼座
船帆座
海石二
海石一
南船五
矩尺座
圆规座
苍蝇座
船底座
南三角座
三角形三
天燕座
蝘蜓座
飞鱼座
天坛座
老人星
南极座
山案座
绘架座
孔雀座
剑鱼座
水蛇座
网罟座
望远镜座
孔雀十一
时钟座
印第安座
杜鹃座
水委一
波江座
天鹤座
凤凰座
-80°
-70°
-60°
-50°

天赤道区赤经 18 时附近

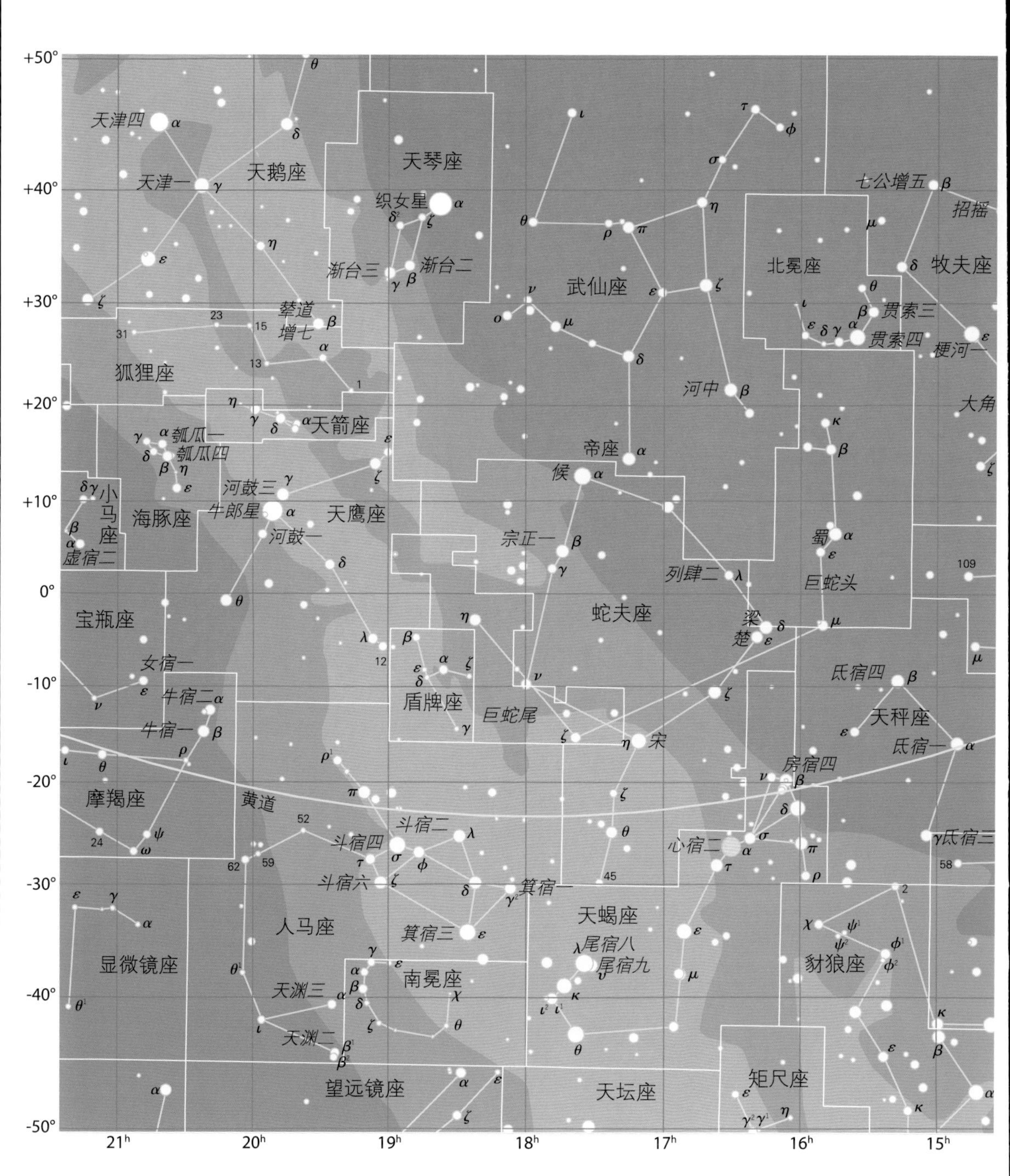

天赤道区赤经 12 时附近

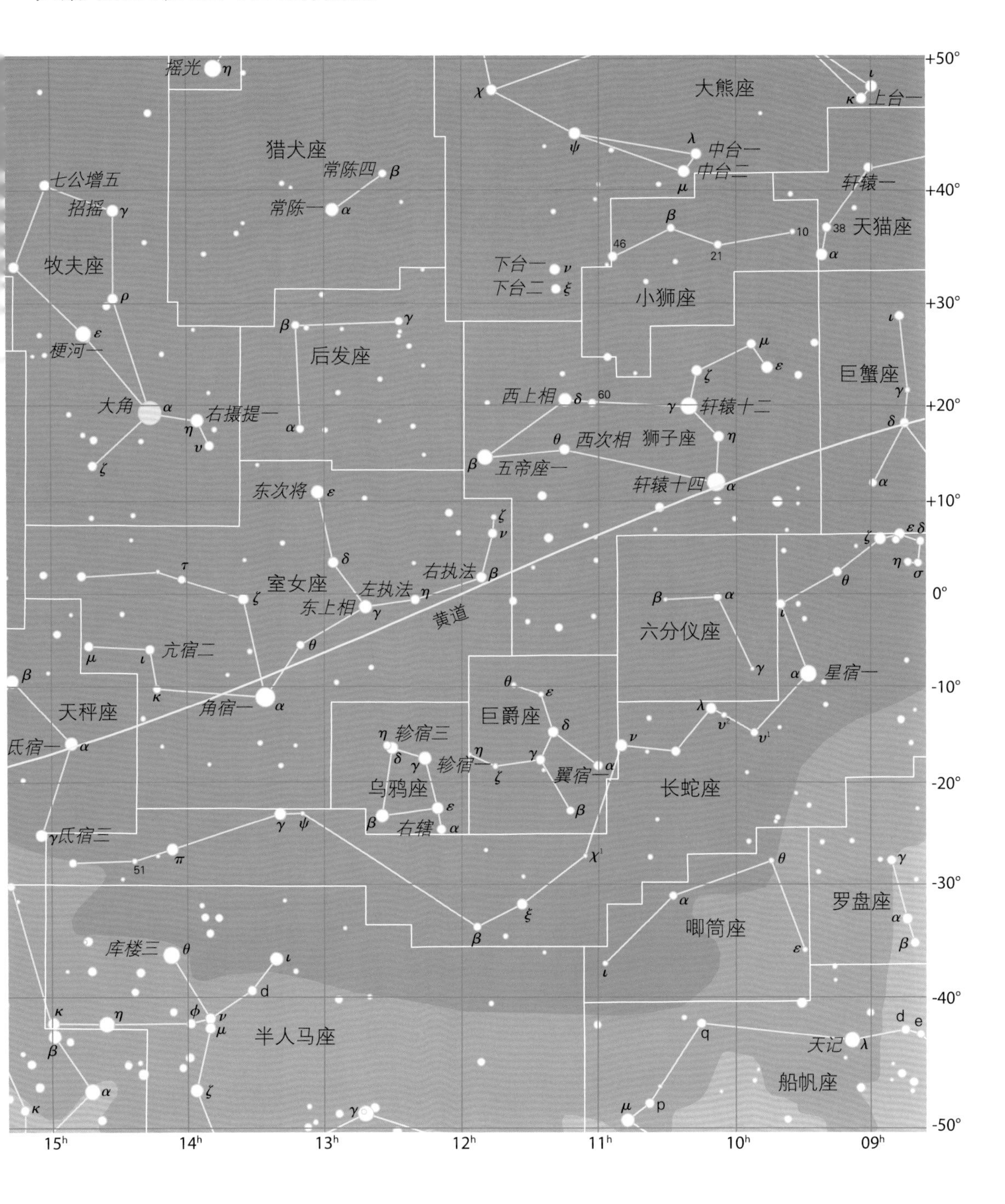

天赤道区赤经 6 时附近

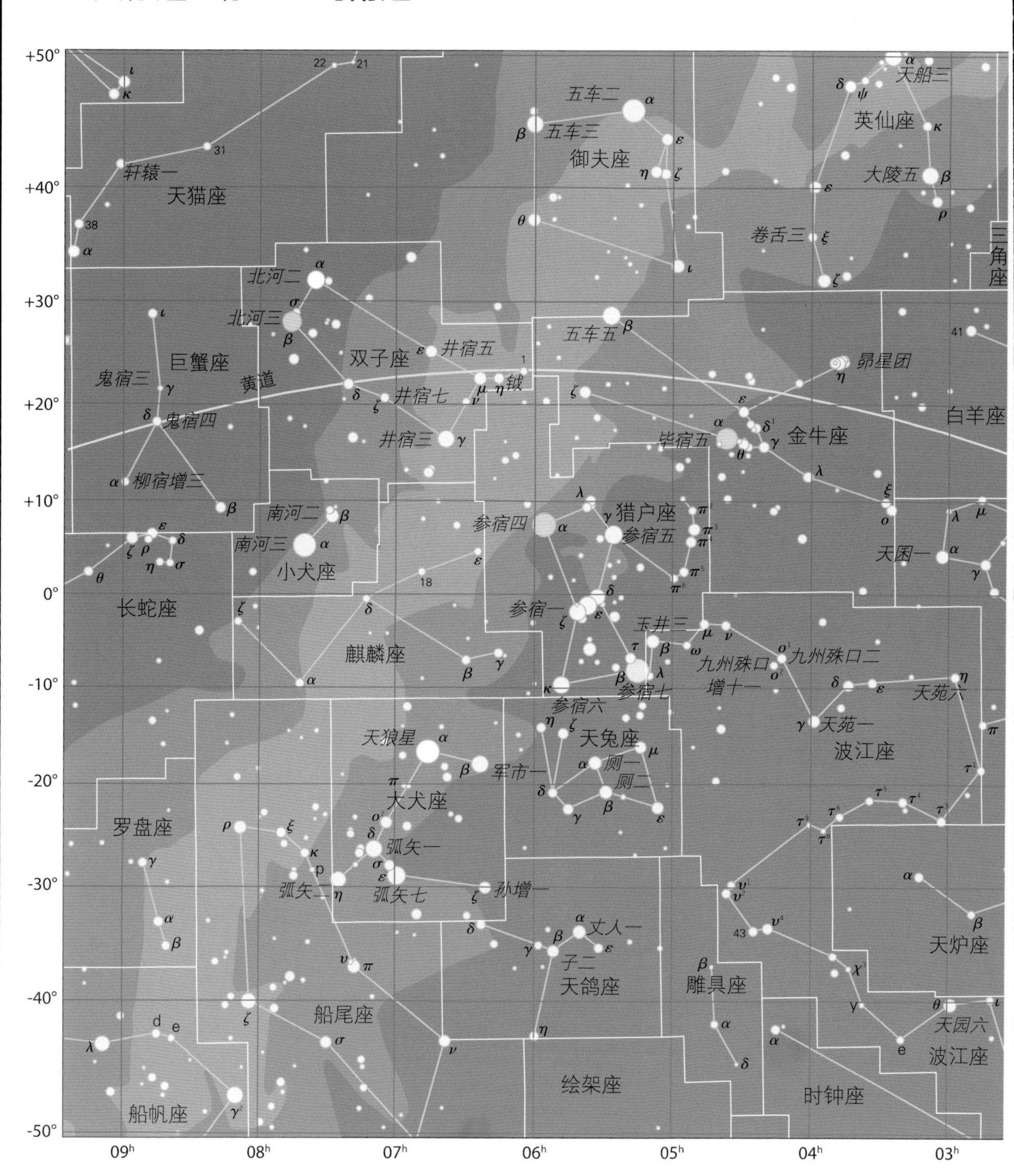
五车二
五车三
御夫座
英仙座
天船三
大陵五
卷舌三
天猫座
轩辕一
北河二
北河三
巨蟹座
鬼宿三
黄道
双子座
井宿五
钺
井宿七
井宿三
鬼宿四
柳宿增三
五车五
昴星团
毕宿五
金牛座
白羊座
三角座
南河二
南河三
小犬座
参宿四
猎户座
参宿五
天囷一
长蛇座
参宿一
玉井三
麒麟座
九州殊口
九州殊口二
九州殊口增十一
参宿七
参宿六
天苑六
天苑一
天狼星
天兔座
波江座
军市一
厕一
厕二
大犬座
罗盘座
弧矢一
弧矢二
弧矢七
孙增一
丈人一
子二
天鸽座
雕具座
天炉座
船尾座
天园六
绘架座
时钟座
船帆座
+50°
+40°
+30°
+20°
+10°
0°
-10°
-20°
-30°
-40°
-50°
09h
08h
07h
06h
05h
04h
03h

天赤道区赤经 0 时附近

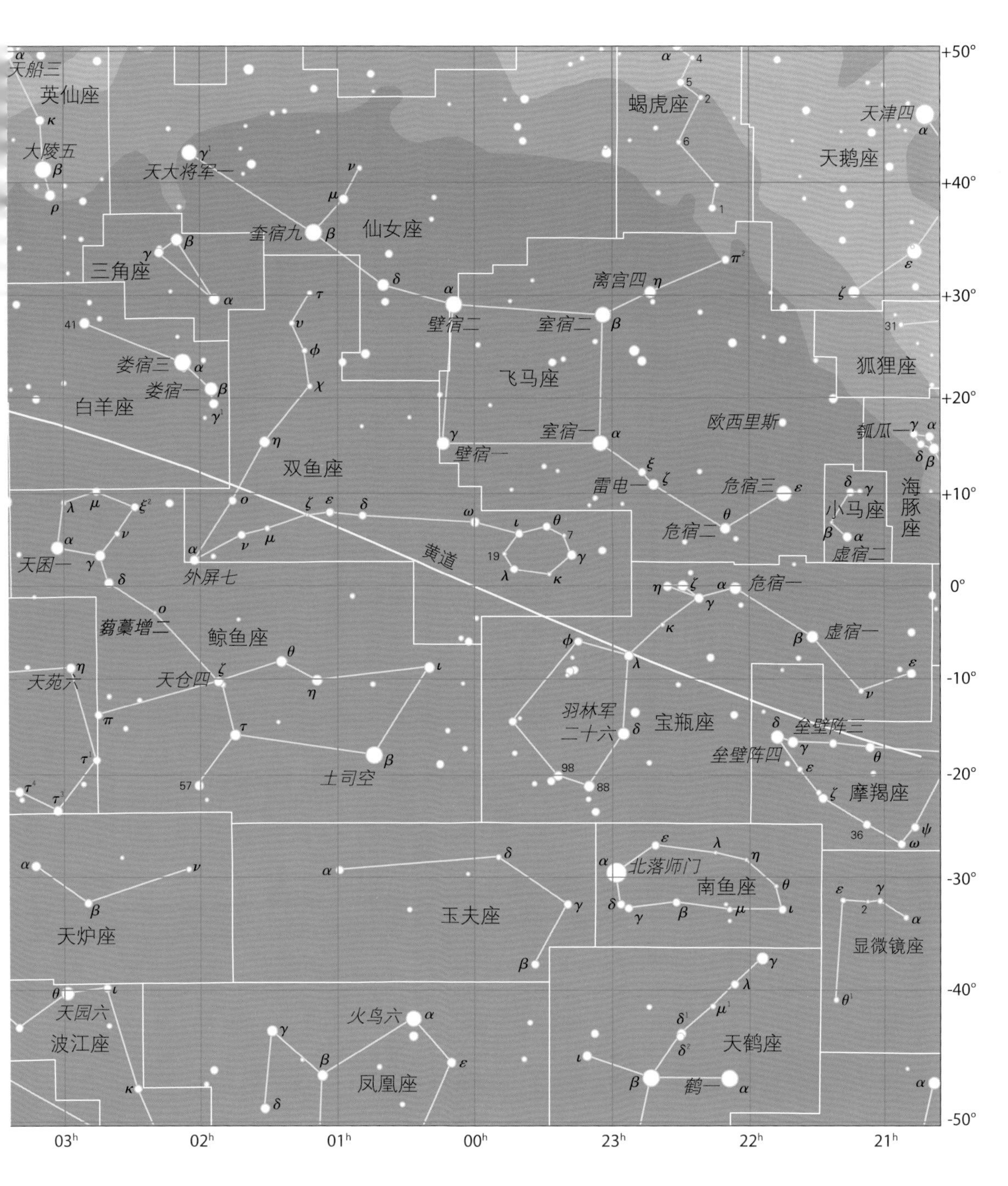
天船三
英仙座
大陵五
天大将军一
奎宿九
仙女座
蝎虎座
天津四
天鹅座
三角座
离宫四
壁宿二
室宿二
娄宿三
娄宿一
白羊座
飞马座
狐狸座
欧西里斯
室宿一
壁宿一
瓠瓜一
双鱼座
雷电一
危宿三
小马座
海豚座
危宿二
虚宿二
天囷一
外屏七
黄道
危宿一
刍藁增二
鲸鱼座
虚宿一
天苑六
天仓四
羽林军二十六
宝瓶座
垒壁阵三
垒壁阵四
土司空
摩羯座
北落师门
南鱼座
天炉座
玉夫座
显微镜座
天园六
火鸟六
波江座
天鹤座
凤凰座
鹤一
+50°
+40°
+30°
+20°
+10°
0°
-10°
-20°
-30°
-40°
-50°
03h
02h
01h
00h
23h
22h
21h

附　录

月球表面主要地名

序号	拉丁名	中文名	序号	拉丁名	中文名
1	Mare Frigoris	冷海	11	Mare Nubium	云海
2	Mare Imbrium	雨海	12	Mare Humorum	湿海
3	Mare Serenitatis	澄海	13	Mare Cognitum	知海
4	Mare Vaporum	汽海	14	Oceanus Procellarum	风暴洋
5	Mare Tranquillitatis	静海	15	Sinus Iridum	虹湾
6	Mare Crisium	危海	16	Tycho	第谷环形山
7	Mare Undarum	浪海	17	Copernicus	哥白尼环形山
8	Mare Spumans	泡沫海	18	Plato	柏拉图环形山
9	Mare Fecunditatis	丰富海	19	Aristarchus	阿利斯塔克溪环形山
10	Mare Nectaris	酒海	20	Grimaldi	格里马尔迪环形山

2018~2025 年重要天文事件

2018 年

1 月 1 日　水星位于西大距（清晨）
3 月 15 日　水星位于东大距（傍晚）
5 月 9 日　木星冲日
6 月 27 日　土星冲日
7 月 27 日　月全食
7 月 27 日　火星冲日
8 月 17 日　金星位于东大距（傍晚）
8 月 26 日　水星位于西大距（清晨）
9 月 7 日　海王星冲日
10 月 24 日　天王星冲日

2019 年

1 月 6 日　金星位于西大距（清晨）
1 月 21 日　月全食
2 月 27 日　水星位于东大距（傍晚）
6 月 10 日　木星冲日
7 月 9 日　土星冲日
7 月 16 日　月偏食
9 月 10 日　海王星冲日
10 月 28 日　天王星冲日
11 月 11 日　水星凌日
11 月 28 日　水星位于西大距（清晨）

2020 年

2 月 10 日　水星位于东大距（傍晚）
3 月 24 日　金星位于东大距（傍晚）
7 月 14 日　木星冲日
7 月 20 日　土星冲日
8 月 13 日　金星位于西大距（清晨）
9 月 11 日　海王星冲日
10 月 14 日　火星冲日
10 月 31 日　天王星冲日
11 月 10 日　水星位于西大距（清晨）

2021 年

1 月 24 日　水星位于东大距（傍晚）
5 月 17 日　水星位于东大距（傍晚）
6 月 10 日　日偏食
8 月 2 日　土星冲日
8 月 20 日　木星冲日
9 月 14 日　海王星冲日
10 月 25 日　水星位于西大距（清晨）
10 月 29 日　金星位于东大距（傍晚）
11 月 5 日　天王星冲日

2022 年

1 月 7 日　水星位于东大距（傍晚）
3 月 20 日　金星位于西大距（清晨）
4 月 29 日　水星位于东大距（傍晚）
5 月 16 日　月全食
8 月 14 日　土星冲日
9 月 16 日　海王星冲日
9 月 26 日　木星冲日
10 月 8 日　水星位于西大距（清晨）
10 月 25 日　日偏食
11 月 9 日　天王星冲日
12 月 8 日　火星冲日

2023 年

4 月 11 日　水星位于东大距（傍晚）
6 月 4 日　金星位于东大距（傍晚）
8 月 27 日　土星冲日
9 月 19 日　海王星冲日
9 月 22 日　水星位于西大距（清晨）
10 月 23 日　金星位于西大距（清晨）
10 月 28 日　月偏食
11 月 3 日　木星冲日
11 月 13 日　天王星冲日

2024 年

3 月 24 日　水星位于东大距（傍晚）
9 月 5 日　水星位于西大距（清晨）
9 月 8 日　土星冲日
9 月 18 日　月偏食
9 月 21 日　海王星冲日
11 月 17 日　天王星冲日
12 月 7 日　木星冲日

2025 年

1 月 10 日　金星位于东大距（傍晚）
1 月 16 日　火星冲日
3 月 8 日　水星位于东大距（傍晚）
3 月 14 日　月偏食
3 月 29 日　日偏食
6 月 1 日　金星位于西大距（清晨）
8 月 19 日　水星位于西大距（清晨）
9 月 7 日　月全食
9 月 21 日　土星冲日
9 月 23 日　海王星冲日
11 月 21 日　天王星冲日

有关这些天文事件的详细信息请参阅相关天文年历。

观测笔记

天体名称：　　　　其他名称和编号：

所属星座：　　　　赤经值：　h　m　赤纬值：

类型：　　　　大小：　　　　视星等：

倍率：　　　×

视场：

滤镜：

寻星镜中是否可见：☐

望远镜型号：

类型：　　　　口径：　　mm　相对口径：f

观测条件：

日期：　　　　时间：

地点：　　　　极限星等：

描述：

观测者：